U0167916

化学工程与工艺专业教学理论与实践

■ 舒 炼 施晓婷 成彦霞◎主编

燕山大学出版社
·秦皇岛·

图书在版编目(CIP)数据

化学工程与工艺专业教学理论与实践 / 舒炼，施晓婷，成彦霞主编 .—秦皇岛 : 燕山大学出版社，2022.12

ISBN 978-7-5761-0392-2

Ⅰ. ①化… Ⅱ. ①舒… ②施… ③成… Ⅲ. ①化学工程一教学研究 Ⅳ. ①TQ02

中国版本图书馆CIP数据核字(2022)第162455号

化学工程与工艺专业教学理论与实践

舒　炼 施晓婷 成彦霞 主编

出 版 人:陈　玉
责任编辑:刘馨泽　　策划编辑:刘馨泽
责任印刷:吴　波　　封面设计:中知图印务
出版发行:燕山大学出版社 YANSHAN UNIVERSITY PRESS　　电　话:0335-8387555
地　址:河北省秦皇岛市河北大街西段438号　　邮政编码:066004
印　刷:英格拉姆印刷(固安)有限公司　　经　销:全国新华书店

开　本:710mm×1000mm 1/16　　印　张:14
版　次:2022年12月第1版　　印　次:2022年12月第1次印刷
书　号:ISBN 978-7-5761-0392-2　　字　数:210千字
定　价:55.00元

版权所有 侵权必究
如发生印刷、装订质量问题，读者可与出版社联系调换
联系电话:0335-8387718

作者简介

舒炼，副教授，二级技师，执业药师，健康管理师。现任职于乌海职业技术学院，主要从事无机化学、药物化学、药学服务等课程教学。2016年，获重庆市高教学会论文交流一等奖和三等奖。2017年，参加全国药理学协会论文交流一等奖，中青年教师技能大赛二等奖。2020年，成功申报了1项省部级教研教改项目，1项高教学会教研教改项目。2021年，成功申报重庆市市级技能大师工作室1个。发表论文20余篇，其中中文核心2篇；拥有实用新型专利6项；出版教材4部。

施晓婷，研究生学历，讲师。现任职于乌海职业技术学院化学工程系，从事教学与研究工作，主讲无机化学、聚氯乙烯生产与操作技术、无机化工生产技术等课程，多次在区级和院级教学比赛中获奖。

成彦霞，本科学历，讲师。现任职于乌海职业技术学院化学工程系从事教学与研究工作，从教多年来，一直工作在教学第一线，主讲化工单元操作、氯碱生产与操作、无机化工生产技术等课程，主持院级课题多项，多次在院级各项教学比赛中获奖。

前　言

化学工程与工艺专业，主要是研究化学工程与化学工艺相关的基本知识和技能，涉及化学反应、化工单元操作、化工过程与设备、化学检验工艺过程系统模拟优化等多个方面。本质上是研究如何将实验室的化学研究成果（如新产品的研制），以最好的方法移植到规模生产（厂家生产）中的一门学科。其涉及的领域包括化工（如石油及终端产品）、能源（煤化工）、环保（新型环保塑料制品）等。研究内容包括工业生产过程及设备研究、产品开发、设计和优化，如开发环保塑料，将煤液化以更有效地进行利用，对受污染水源进行清洁处理，以及设计生产环保型化学物质的装置等。所以，化学工程与工艺专业与人们生活的方方面面都有紧密联系，在很多领域正发挥着巨大的作用。

2022年1月24日下午，中共中央政治局就努力实现碳达峰碳中和目标进行了专门的学习，习近平总书记强调，实现碳达峰碳中和，是贯彻新发展理念、构建新发展格局、推动高质量发展的内在要求。实现碳达峰碳中和是党中央统筹国内国际两个大局作出的重大战略决策，所以，我国对环保的要求将越来越高。作为化学工程与工艺专业，正是与化工、能源、环保紧密相关的专业，未来将仍然是一个备受关注和持续发展的专业，也将是在碳达峰碳中和工作中发挥重要作用的“当红”专业。

作为化学工程与工艺专业的教师，应该从教学理论和教学实践两个方面提升自己的教学能力和水平，在教学中注重提升学生的化工理论素养，培养学生在化工专业领域的观察思考能力、动手实践能力、探究创新能力。本书结合化学工程与工艺专业的内容体系和基本特点，分为教学理论和教学实践两个篇章，教学理论篇主要从三大科目教学的内容体系、目标要求、主要特点、主要方法和注意事项等方面进行阐述，教学实践篇主要从三大科目教学的准备、设计、实施、总结、效果评估与检测等教学环节进行分析，旨在为专业教学提供一定的理论和实践依据，为探索提升专业教学水平的方法提供一些参考。

由于水平有限，书中难免存在不妥与疏漏之处，敬请读者批评指正，以使本书进一步完善。

编者

2022年6月

目　录

第一篇　化学工程与工艺专业教学理论

第二篇　化学工程与工艺专业教学实践

第一篇　化学工程与工艺专业教学理论

第一章 化学工程与工艺专业教学的内容体系

化学工程与工艺专业，简称化工专业，是一门与化学工业相关的工科专业。化学工业是和人类生存与发展息息相关的基础产业，而化工专业则是服务于这一基础产业的基础学科。化工专业不仅与石化、冶金、制药、环保等传统领域的创新与发展密切相关，还与生物、新材料、计算机、微电子等科学技术前沿融合创新。本专业学习的主要课程体系涵盖：人文社会科学体系、数理体系、化学体系、工程基础体系、化工基础体系、选修课体系。专业必修课包括：化工原理、化工热力学、化学反应工程、化工过程分析与合成。本专业注重工程训练与实践能力的培养，因此工程训练与实践环节相对较多，要求掌握相关的基础知识和工程开发技能。

本书主要是对化学工程与工艺专业主修课程教学的研究，所以将其主干课程分为三个部分，一是基础原理课目教学体系，主要课程包括：无机化学、有机化学、分析化学、物理化学、高分子化学等。二是实践应用课目教学体系，主要课程包括：化学反应工程、化工工艺、化工传递过程等。三是专业延展课目教学体系，主要课程包括：化工技术经济、化工环保与安全等。这样划分的目的是将专业课程体系根据不同的内容特点进行分类，有利于探讨其共性的教学问题。

第一节 基础原理课目教学的内容体系

化学工程与工艺专业的基础原理课目，主要包括：无机化学、有机化学、分析化学、物理化学、高分子化学等内容，这一内容主要包含了化学工程与工艺专业的基础原理和本质规律，是本专业的基础课程。基础原理课目教学的内容体系，应该紧紧围绕相关的教学大纲和相关标准进行展开。

基础原理课目实验内容的主要任务是结合理论进行教学，促进学生深化理论知识、掌握基本实验技能和方法，培养学生的科学思维、创新思维和严谨的工作作风。在实验课程教学中，基础实验常采用多媒体讲授基本实验技术，注重学生对实验仪器的了解和基本实验操作掌握。严格按照实验操作进行教学，培养学生严谨的学风和工作作风，同时增加少量综合性实验，提高学生对实验技能的综合运用能力。

一、无机化学教学的内容体系

（一）无机化学理论教学内容

无机化学在化学领域占据重要位置，无机化学是以除碳氢化合物及其衍生物之外，所有元素及其化合物为研究对象的学科，是在原子、分子的层次上研究无机物质的组成、结构、性质、变化规律和应用的学科，是最悠久的化学分支学科，是化学的基础和母体，是药学类、药品制造类、食品药品管理类、食品类各专业的基础。无机化合物是指除碳氢化合物及其衍生物之外的元素的化合物。大部分含碳的化合物属于有机化合物，只有小部分含碳的简单化合物，如一氧化碳、碳酸盐、氰化物等属于无机化合物。

从发展历程看，无机化学经过三个发展阶段：第一阶段为知识收集阶段，这一阶段更注重实验累积，旨在从化学本质上出发，探索并验证化学事实；第二阶段为化学定律的确定阶段，这一阶段是将化学事实进行整理，并通过大量实验进行验证，为化学规律做支撑；第三阶段为化学学说建立阶段，这一阶段是将化学定律进行联系，并对内在联系进行细致说明。

化学中一些重要的基本概念和规律，如元素、化合物、原子、分子、化合、分解等，以及质量守恒定律、定比定律、倍比定律和元素周期律等，都是在无机化学早期发展中发现和形成的，是化学的最基础部分，其基本知识已经在中学阶段的化学课中有所学习。

无机化学的研究范围极其广阔，涉及化学基本原理和整个元素周期表中的单质及其化合物。化学基本原理主要有：物质结构基础、化学热力学基础、化学平衡、化学动力学、溶液、电化学、配位化学等。无机物质种类较多，结构复杂，性质和功能多样，具有一系列重要的应用。所以，无机化学是教学中的基础学科，也是培养学生基础化学素养的重要方面。

无机化学理论的教学内容包括：溶液、化学热力学基础、化学反应速率和化学平衡、电解质溶液和解离平衡、氧化还原反应、物质结构基础、配位化合物、重要的生命元素，等等。

在高等院校中，无机化学是非常重要的一门基础性课程，化学、化工、材料以及生物医药等学科，都离不开无机化学的支持。因此，无机化学是许多专业课程的基础。无机化学本身涵盖的内容比较广泛，不仅有化学反应原理、基础计算，还有许多关于物质结构的知识和各个周期表元素的特征与用途等。高等院校的无机化学课程一般开设在大一时期，是为学生日后进行深层次的化学内容学习以及专业课程学习奠定基础。

在无机化学的教学内容和体系设置过程中，需要进一步完善无机化学教学内容，将无机化学教材中与高中化学雷同的部分，以及与相关专业化学课程相同的知识点进行删除或者缩减；将当下最新的、实践性较好的化学知识点增添进来，同时从基础理论、化学反应原理、化学反应方法以及数学计算等方面开展无机化学教学活动。例如，无机化学教学中四大化学平衡原理是重中之重的部分，教师需要对这部分内容进行重点讲解和应用，并加强理论与实践的联系，从易到难、逐步深入，确保大学生能够很好地接受和理解知识点。

（二）无机化学实验教学内容

无机化学是一门基础学科，而无机化学实验又是无机化学的重要部分。无机化学实验通过大量的反复实验分析、总结出化学理论与规律，为无机化学理论提供了重要依据。无机化学实验课程通过基本实验操作和技能的训练，可以培养学生实事求是、科学严谨的工作态度，还可以培养学生的动手操作能力,激发学生的兴趣,提高学生独立思考问题、分析问题和解决问题的能力,为后续的相关实验课程奠定了基础。

无机化学实验是化学相关专业的主要基础课之一,其重在使学生掌握化学实验的基本知识和基本操作技能等。无机化学实验的教学内容包括:无机化学实验常用仪器和操作技术,化学反应基本原理,化学量及常数的测定,元素化合物的性质,无机化合物的制备与提纯,以及一定量的综合性、设计性和研究性实验,等等。这些实验内容既加强了学生对基础实验的掌握,又为学生提供了一个综合运用知识、自主探究实验的平台。

在应用型人才培养模式背景下,实验教学已成为新一轮课程改革研究的热门课题。化学作为一个以实验为基础的学科,其实验教学的创新和发展显得尤为重要。无机化学实验作为一门基础的专业必修课程,既是对理论知识的验证与延伸,又为有机化学实验、分析化学实验等其他实验学科的学习提供了必要的基础,起着承上启下的作用。该课程不仅要求学生掌握最基本的化学实验操作技能,更注重锻炼学生的实践创新能力。

因此,教师需要整合无机化学实验教学内容,构建关联密切的实验教学内容新体系。例如,按所设置的理论课程来划分,无机非金属材料实验课程包括基础课程实验、专业基础课程实验、专业课程实验三大组成部分。在部分高校原有的实验教学内容体系中,除了存在一些实验项目重复的情况外,还存在实验项目之间知识点连贯性较差、实验内容相对孤立的问题。所以,应对原有的无机化学实验项目进行优化,去掉重复的实验内容,对内容相近的实验项目进行归类整合。同时,按照“无机非金属材料的制备—结构研究—物理性能研究—应用研究”这一层次递进式主线,设计高关联度的实验教学内容。学生通过完成实验项目,既可以加深自己对于“整体”和“部分”的认识,又能进一步促进自己对“部分”与“部分”关联的各个知识点的理解,还可以训练“工程师”角色应具备的主动实践能力和创新能力。

同时,无机化学实验内容的设置应考虑其基础性及创新性,因而在设计教学内容时,教师可以进行多层次的教学体系设置,包括基础实验和创新性实验。

课程开始前期,应重点进行基础实验,主要对学生的基本实验操作及实验技能进行锻炼,为后期的创新性实验打下基础。通过基础实验训练后,结合教师的科研项目设计相关的创新性实验内容。例如:在p区非金属及主族金属元素的学习基础上,设计创新性实验——固体废物中有效成分的回收利用。可以首先请环境工程的专业教师对学生进行固体废弃物相关专业知识的普及,学生在教师的指导及了解相关实验材料的基础上,查阅固体废弃物有效成分回收的方法,再结合固废处理中心的相关资源,设计具体的实验方案。通过学生参与实验方案的确定,提高学生学习的积极性和主动性。让学生参与教师科研项目,切身感受所学知识与先进科学研究的紧密联系,提高对无机化学实验的学习积极性。教师在整个实验设计、准备、实施阶段,主要起到引导、点拨的作用,从"授人以鱼"转变为"授人以渔",增加学生学习的主动性。一个设计完整的综合性实验,不但能帮助学生综合利用所学的无机化学的相关理论内容,而且可以促进学生在实验操作过程中发现问题并自主解决问题。

由于在创新性综合实验的课程设计中,涉及的无机化学理论知识范围较广,因而在安排实验教学进度时,应考虑到实验与理论教学进度的一致性,让学生在更充分的理论基础学习之上进行综合实验的设计和实施。

二、有机化学教学的内容体系

(一)有机化学理论教学内容

有机化学是化学的一个重要分支,它是研究有机化合物的组成、结构性质和制备的一门学科。有机化学不仅在化学领域中占有绝对重要的中心地位,而且深刻地影响着生物、环境、医学、药物、材料等学科的发展。同时,人体的组成成分除了水分子和无机离子外,几乎都是由有机分子组成;机体的代谢过程,同样遵循有机化学反应的活性规律。因此,有机化学是与人类生活有着极其密切关系的一门学科,在人们的日常生活中也处处显现出有机化学的重要地位和作用。近几十年,伴随有机化学的理论及研究方法的新突破，尤其是仪器的进步和分析手段的提高，有机化学正进入富有活力的发展新时代。

作为高等学校化学与化工专业的基础必修课程，有机化学涉及有机化合物的组成、结构、性质、合成等内容，是一门理论与实践相结合、应用性很强的课程。有机化学一直是化学研究中最活跃的领域之一，随着有机化学本身的发展以及新的分析技术、物理方法和生物学方法的不断涌现，有机化学的内容也越来越丰富。①

在有机化学理论课教学中，主要讲解各类有机化合物的组成、结构、物理性质、化学性质、应用和制备，重点是让学生在理解结构的基础上，掌握各类有机化合物的化学性质及其在生产中的应用。在学生基础知识牢固掌握的前提下，有机化学课程教学的内容体系设计应侧重以下几个方面。

1. 精练、优化教学内容

教师应确定有机化学课程的核心教学内容，并对教学内容进行精练、优化。对授课学时数进行合理分配，充分体现课程的知识性、系统性和实用性，让教学重点更加突出。

例如，本科三年级开设有机波谱分析专业课，讲授有机波谱知识，为避免重复教学，可对有机化学中关于波谱的相关内容进行删减，这样就有更多学时对其他教学内容中的难点、要点进行更为翔实的介绍。再例如，关于有机化合物的工业来源、用途的知识点，可以结合有机化合物的实际用途，通过学术专题讲座进行统一介绍，让学生对知识点掌握得更加牢固。

2. 与实际应用相结合，介绍有机化学应用的最新进展

在每个章节前，教师可以介绍该类有机化合物的自然来源以及在化学工业及医疗卫生上的应用。例如，在芳烃的学习中，讲述芳烃的自然来源，在香料工业、医药工业中的主要用途，并介绍致癌芳烃类物质，从而提高学生的学习兴趣；在醛酮的学习中，介绍香料山苍子挥发油中的主要成分柠檬醛在高级香料紫罗兰酮合成中的科研实例，让学生更加容

①朱仙弟．有机化学[M]．杭州：浙江大学出版社，2019.

易理解。

3. 与教学内容相结合,补充讲解知名化学家的学习经历及其科研故事

在每个章节的最后,可以补充讲解诺贝尔化学及生物医学奖获得者的相关研究工作经历。例如,在脂环烃的学习中,可以简要介绍我国诺贝尔生理学或医学奖获得者、著名药学家——屠呦呦,发现青蒿素的过程:屠呦呦1972年从民间传统中药黄花蒿中成功提取到了一种分子式为$C_{15}H_{22}O_5$的无色结晶体,命名为青蒿素,这种药品可以有效降低疟疾患者的死亡率。2015年10月,屠呦呦获得诺贝尔生理学或医学奖,她成为首获科学类诺贝尔奖的中国人。教师通过介绍化学工作者在有机化学方面取得的成就,可以激励学生以更加饱满的热情投入学习和科研实践。

(二)有机化学实验教学内容

有机化学是一门以实验为基础的学科,有机化学实验在有机化学教学中具有重要的地位。有机化学实验是培养化工专业学生实验技能的基础课程,重视有机化学实验,对于人才培养具有重要的作用。

有机化学实验主要包括基本操作、有机化合物的制备、天然有机化合物的提取分离、有机化合物的性质实验等。

有机化学实验的基本操作:主要介绍有机化学实验的基本操作方法,如蒸馏、减压蒸馏、水蒸气蒸馏、分馏、回流、萃取、升华、重结晶等。

有机化合物的制备实验:一般是由反应原料经蒸馏、分馏、回流等基本操作制备粗产物,然后经蒸馏、减压蒸馏、水蒸气蒸馏、萃取、重结晶等基本操作精制产物。

天然有机化合物的提取分离实验:一般通过水蒸气蒸馏、回流等基本操作从植物中提取挥发油或中药有效成分,然后利用升华、萃取等基本操作纯化提取物。

有机化合物的性质实验:一般是选择一些反应现象变化比较明显的实验,来验证各类有机化合物的性质,从而实现有机化合物的综合性鉴别。

可以看出，有机化学实验是一门内容丰富、相互衔接、逐步递进的课程，从教学角度上思考，可以从以下方面构建有机化学实验教学的内容体系：

1. 实验理论教学

实验理论是实验的基础，在实验教学中应加强对实验理论的教学。在有机化学实验教学中，部分高校往往在操作中容易忽视实验理论教学，导致学生对理论知识掌握得不够扎实。因此，我们有必要在有机化学实验教学中加强实验理论教学。如实验室的安全知识、基本操作方法、实验数据的处理、物质的性质等，除了对这些知识进行系统授课外，还需要结合具体的实验进行讲解和演示。

2. 实验教学内容分层

我们可以从三个方面对有机实验教学内容进行基本的分层：

(1)基本操作性实验内容。基本操作性实验是为了让刚接触有机化学的学生有一个适应的过程，并且让学生掌握必要的有机化学实验操作流程和方法，为后续深层次的实验打基础。

(2)综合性实验内容。综合性实验有利于提高学生的实验能力，培养学生的实验素养，如可以将水蒸气蒸馏和肉桂酸的制备结合组成一个综合性实验，让学生在学习制备肉桂酸的过程中，掌握水蒸气蒸馏的作用、实验原理以及操作过程。

(3)创新性实验。这类实验的开展有利于培养学生分析问题、解决问题的能力，同时提升学生对有机化学实验的兴趣，如改进文献实验、更换原有实验方法等。①

三、分析化学教学的内容体系

(一)分析化学理论教学内容

分析化学是研究物质化学组成、含量、结构的分析方法及有关理论的一门学科。分析化学是化学学科的一个重要组成部分，在早期化学发展中一直处于前沿和主要地位，被称为“现代化学之母”。随着科学技术

①林玉萍，万屏南．有机化学实验[M]．武汉：华中科技大学出版社，2020.

的发展，分析化学的内涵在不断深入，其外延也在不断扩展，分析化学逐渐从一门技术上升为一门学科，又被称为分析科学。国家自然科学基金委员会编写的《自然科学学科发展战略调研报告：分析化学》称“分析化学是人们获得物质化学组成和结构信息的科学”。

分析化学主要分为定性分析、定量分析和结构分析三个部分。定性分析的任务是鉴定物质由哪些元素、原子团或化合物组成，对有机物还需要确定其官能团及分子结构；定量分析的任务是测定物质中各有关组分的相对含量；结构分析的任务是研究物质的分子结构、晶体结构或综合形态。

分析化学是和物理学、生命科学、信息科学、材料科学、环境科学、能源科学、地球与空间科学等密切联系且相互交叉与渗透的中心科学。任何科学领域的研究，只要涉及化学现象，都需要把分析化学作为一种工具科学地运用到研究工作中去，并对其研究和发展具有重要作用，如历史上一些定理定律的制定、学说的创立、物质基本量的测定、物质组成的测定等。

从化学课程发展史来看，在有机及无机化学分类完成后，就形成了分析化学这门课程，且分析化学的后续课程内容与二者都具有很高的关联性，如分析化学中的溶液平衡理论这一内容与无机化学具有极高的重复率。

目前，一些高校在分析化学理论教学内容设置方面存在一些问题，主要表现为以下几个方面。

首先，由于滴定方法是化学分析中最主要采用的方法，占用大量的教学课时，为此很多高校在教学大纲的课时要求之下，常常会减少对定性分析的讲解，甚至在分析化学教学中直接忽视定性分析。但我们应该认识到，定性分析在化学教学中也具有举足轻重的作用，通过对定性分析进行讲解，可以让学生更加深刻地了解化学反应以及离子的性质，并帮助学生更好地掌握实验技能和分析方法。

目前，很多高校对分析化学的定量分析进行了改革，但改革力度不足，仅仅对部分教学内容进行了调整与更迭，或者对仪器分析进行了融合与渗透，这种改革方式自然不能适应分析化学发展的需要。

其次，在分析化学教学过程中，仪器分析教学内容常常被高校教师所忽视。虽然在高校的部分教材中，有关仪器分析的教学内容已较为完善，包含色谱、电化学、光谱分析等方法，但由于高校课时分配的限制等诸多原因，导致分析化学课程的仪器分析教学改革存在不平衡、不彻底、不全面的问题，尤其是一些仪器设备缺乏的高校，仅能进行简要的书面介绍。

最后，还存在分析化学的教学内容过于陈旧，教师在教学过程中对于分析化学的新理论、新方法阐述较少，分析化学教学过程中过多偏重无机化学，理论不能联系实际等问题。

经过实践探索，可以从以下方面加强分析化学的理论内容教学。

一是重视分析化学与其他化学课程的衔接，减少教学内容的重复。在具体的分析化学教学过程中，对课程内容进行适当的精简，尤其要将与其他化学课程内容相同或相近的部分进行合理压缩，倡导学生联系其他化学课程进行课前复习与课后巩固，从而达到辅助分析化学教学的目的。

二是在教学内容中科学安排定性分析的内容，合理增加有机化学教学内容。定性分析在分析化学中不可或缺，因为定性分析是分析化学的重要组成部分，如在进行定量分析前的处理环节，定性分析就必定参与其中，因此学习定性分析能够为定量分析方法的理解与使用提供重要的支持与帮助。目前我们所知晓的有机物接近一千万种，数量上远远超过无机物。有机物对人们的生产、生活、生命有着不可替代的作用与意义，部分分析化学教材中虽适当增加了一些有机物的课程教学内容，但总体上依然没有对有机物的定性分析进行系统性的概括与总结，应合理增加相关内容的讲解。

三是时刻关注教学前沿，对教学内容进行及时更新。对于分析化学的基本技能以及基本理论，教师需要突出重点进行教学，使学生牢固掌握这些基础知识，在之后的学习中达到举一反三的效果。同时，教师需要对分析化学的发展趋势及理论前沿有所了解与掌握，并在课堂教学中进行概述与介绍,还可以讲述一些与实际生产生活相关的新技术、新理论、新技能,激发学生的学习热情。

(二)分析化学实验教学内容

分析化学实验是分析化学教学内容的重要部分,主要内容包括:分析化学实验的基础知识、定量分析仪器与操作方法、定量分析基本操作、酸碱滴定实验、络合滴定实验、氧化还原滴定实验、沉淀滴定及重量分析实验、分光光度法实验、综合实验和设计实验等。

在教学中,教师应该围绕学生探求科学知识的兴趣和探求科学知识的方法两个方面,把重点放在培养学生能力和提高学生科学素质上,实施科学的创新教育。

可以开展与学生专业融合的分析化学实验项目,进行实验教学内容的改革:一是更新原有实验内容,选择绿色、环保型分析化学实验项目,如“纺织工业废水中染料光催化处理后样品分析”等,以培养学生环保和创新的理念;二是开设研究型实验项目,让学生针对某个研究课题,通过课外查询相关资料,自行设计科学合理的实验步骤,独立完成实验,报告实验结果,如“劳动湖水质检测”;三是开展开放式实验教学,将实验教学内容重新整合,将验证性、开放性等多种实验教学模式结合,分阶段、多层次地实施开放式教学。

四、物理化学教学的内容体系

(一)物理化学理论教学内容

物理化学是化学学科的一个重要分支,它以物理学的思想和实验为手段,并借助数学方法来研究化学体系中宏观、微观的规律和理论。物理化学的主要内容包括以下三个方面:

一是化学热力学,研究化学反应能量关系及化学变化的方向和限度。即在指定条件下,某一化学反应应该朝哪个方向进行,进行到什么程度,外界条件(如压力、温度、浓度等因素)如何影响化学反应的方向和限度。这一类问题属于化学热力学范畴,经典化学热力学的理论比较成熟,其结论也十分可靠,是许多科学技术的基础,如采用热力学的方法研究化学平衡、相平衡、电化学等方面的问题。

二是化学动力学，研究化学反应的速率和机理。即外界因素（如温度、压力、浓度等）如何影响化学反应速率，化学反应的微观过程是怎样的，反应物经过哪些步骤得到产物等。但动力学的研究受到实验条件限制，仍处于宏观动力学阶段，其理论还不够成熟。近年来，实验手段大大改进，如用短脉冲激光激发分子束、计算机快速数据处理等，开辟了化学的一个新领域——分子反应动力学。因此，化学动力学仍是当前十分活跃的研究领域。

三是物质结构（也称结构化学），研究物质结构与性能的关系。物质的性质本质上取决于内部的结构，只有深入了解物质的内部结构，才能真正理解化学反应的内在影响因素，达到控制化学反应发生和发展的目的。

物理化学与其他化学类学科（如无机化学、有机化学、分析化学等）之间有着密切的联系。无机化学、有机化学、分析化学等各有自己的研究对象，但物理化学则着重研究更具有普遍性、更本质的化学变化的内在规律性。物理化学发展很快，分支较多，内容浩如烟海，作为应用型本科院校的基础课程，通常选择以下部分作为教学内容：

1. 化学热力学

化学热力学主要是研究一个系统的各种平衡性质之间的关系，阐明物质在化学变化过程中能量转变规律，并判断化学变化的方向和限度。

2. 化学平衡

化学平衡的主要内容是用热力学基本原理和规律，研究化学反应的方向、平衡的条件、反应的限度以及平衡时物质的数量关系。

3. 相平衡

相平衡是热力学的一个分支，通过相图研究各种类型相变化的规律。

4. 电化学

电化学主要是研究化学能与电能之间相互转化的规律。

5. 化学动力学

化学动力学的主要内容是研究化学反应的速率,探讨化学反应的机理,并研究浓度、温度、光、介质、催化剂等因素对反应速率的影响。

6. 表面现象

表面现象主要是用热力学原理研究多相系统中各相界面间物质的特性。

7. 胶体化学

胶体化学的主要内容是研究胶体物质的特殊性能。

在综合型大学的自然科学理论教学中,物理化学介于通用理论层次与转业理论层次中间。这门课程是在学生学习完基础化学知识之后进一步深入、系统地阐述相关化学理论,进而为后续的专业课程学习打下理论基础。因此,物理化学课程在化学化工类各门学科的学习体系中处于极其重要的枢纽地位。

(二)物理化学实验教学内容

物理化学实验是通过物理方法及手段来研究物理变化和化学反应规律的实验课程,帮助学生学习掌握一些常见的物理化学实验方法,学会处理实验数据、分析讨论实验结果,从而增强对物理化学理论知识的理解,并培养创新思维及科学研究素养。

物理化学实验的教学内容可以分为基础实验和探索实验两大部分。其中,基础实验主要包括:热力学实验、相平衡实验、动力学实验、电化学实验、结构化学和理论计算化学实验、胶体与界面化学实验等内容。探索实验主要包括:凝固点降低法测定摩尔质量、应用理论方法预测气相分子的标准摩尔生成焓、电极反应动力学实验等内容。

物理化学实验是课程教学的重要组成部分,通过实验教学能够加深学生对概念、定律、公式及假设条件的认识,能够培养学生良好的实验观察和操作能力。常见的物理化学实验包括:静态法测定纯液体饱和蒸气压、凝固点降低法测量摩尔质量、燃烧热的测定、原电池电动势和电极电势的测定、金属的电镀实验、差热分析、旋光法测量蔗糖转化反应的速率常数、电导法测定乙酸乙酯反应的速率常数等、最大泡压法测量溶液的表面张力、配合物的磁化率测定，等等。

考虑到物理化学课程对后续课程的支撑作用，物理化学实验课程是化学工程与工艺专业学生必须掌握的综合性基础实验课程，在物理化学实验中会涉及许多基本理论和仪器的基本工作原理，它在相关专业课程、实验技能及创新能力的培养和形成中具有独特的地位和作用，是学生进行毕业设计与后续学习科研工作的必要铺垫和基础训练。因此，科学合理地设置物理化学实验课程教学内容，对构建完整的化学基础课程体系、提高学生的培养质量至关重要。

五、高分子化学教学内容体系

（一）高分子化学理论教学内容

高分子化学作为高分子科学的基础，已成为继无机化学、有机化学、分析化学、物理化学之后的又一大化学门类。

高分子化学是研究高分子化合物合成与发生化学反应的核心学科，课程系统讲授高分子的基本概念、聚合物的分类、命名及逐步聚合、自由基聚合、离子聚合、配位聚合、开环聚合的机理及影响因素，介绍共聚物的组成方程、基本聚合方法及聚合物的化学反应，使学生清晰掌握高分子材料的制备原理及基本性能。该课程的教学可以让学生更加熟练地掌握高分子的概念，明白高分子化合物的基本原理、控制聚合反应速度和分子量的方法，了解聚合物机理与单体结构的关系，使学生能够充分掌握聚合反应和合成聚合物的基本理论。

高分子化学课程是以有机化学、物理化学、物理学等为基础的一门课程，既是一门理论学科，又是一门应用学科，涉及理论和实验教学两方面。高分子化学是化工类学生必修的一门课程，通过学习高分子化学这门课程，学生们可以了解高分子领域发展的历史背景和前沿科技成果，在有机化学的基础上，掌握高分子化合物的基本概念以及合成反应原理、反应动力学、聚合方法等。高分子化学还可以培养学生们的探索精神以及创新意识，为接下来的课程学习、毕业论文（设计）及工作奠定良好的基础。

目前，国家科技部、工信部等部门制定的规划显示，高分子材料已作为新兴产业的重要组成部分,纳入国家战略性新兴产业发展规划,并拟列入国家重点专项规划,成为引领产业转型升级重要指引。高分子材料作为四大基础材料,在我们的生活中随处可见,但高分子材料更新换代速度快,所以相关专业人员应具有更高的专业素养。因此在高校的教育工作中,应采用新型高分子教学体系,从而打造出更加适应新时代的新型人才。

(二)高分子化学实验教学内容

高分子材料在现代社会中扮演着越来越重要的角色,人类社会的可持续发展离不开高分子材料的支撑。因此,高分子化学成为大学化学教育中重要的组成部分。高分子材料科学体系包含了基础理论、制备工艺、加工工艺等诸多骨干课程,但是高分子化学是公认的学科基础课程。

与高分子化学理论课程配套的实验课程,是基础理论的延续与深化,不仅仅是要对学习者的实验基本技能进行系统的训练,更重要的是对高分子化学的核心科学理论进行验证和深化,再现科学规律的发现过程,从而让学生掌握知识的发现途径,提高学生的自主知识探究能力和创新能力,以造就具有创新意识和创新能力的问题解决者或问题探索者。

高分子化学实验的主要教学内容可以分为两大部分:基础实验和拓展实验。其中,基础实验包括:自由基聚合实验、逐步聚合实验、高分子化合物制备实验等内容;拓展实验包括:高分子计算机模拟实验、二维高分子链形态的计算机模拟等内容。

实验课程既是对高分子化学理论课程的补充,又是一门独立的探究性课程,是联系基础理论与实际应用的桥梁课程。目前,国内绝大多数高校均开设有高分子实验课程,充分显示了高分子化学实验课程的基础性。

第二节 实践应用课目教学的内容体系

化学工程与工艺专业的实践应用课目,主要包括:化学反应工程、化工工艺、化工传递过程等实践应用课目。

一、化学反应工程教学内容体系

(一)化学反应工程理论教学内容

化学反应工程是被教育部颁发的《普通高等学校本科专业目录》确定的宽口径化学工程与工艺专业的四门主干课程之一,也是涉及研究过程工业(即石化、电力、冶金、造纸、医药、食品等工业)的生产过程、生产装置、工艺技术规律等诸多专业重要的必修或选修的技术类或技术基础课程。

化学反应工程主要研究工业规模化学反应过程的优化设计与控制,它是一门综合性强、涉及基础知识面广、对数学要求高的专业技术学科。本课程的基本内容包括反应动力学和反应器设计与分析两个方面,目的是使学生掌握研究工业规模化学反应器中化学反应过程动力学(即宏观动力学)的基本方法和基本原理,具备进行反应器结构设计、最优操作条件的确定和最佳工况的分析控制、过程的开发研究和模拟放大的基本能力。①

该课程的核心就在于对特定反应在适合的反应器内的行为状态进行数学模型的建立及工程学解析处理,以及注重培养学生的工程方法论、工程能力及技术经济理念,对学生工程能力和素质的培养具有重要的作用。

化学反应工程的形成已有几十年历史,但随着科技的发展,原有的化学反应工程课程的部分内容已经落后,急需补充一些新的内容。近几年,有一些化学反应工程方面的新书出版,虽然增加了一些新知识,但没有脱离原有的体系。比如说,化学反应工程课程体系结构,还是按化学

①苏力宏. 化学反应工程[M]. 西安:西北工业大学出版社,2015.

反应的相态和反应器的型式来划分。另外，随着计算技术的更新，化学反应工程中理论模型的近似化处理已经不是主要的处理方法，通过计算机处理更复杂的理论模型则成为发展的重要方向。因此，如何结合当今科技发展来完善化工原理教学是值得探讨的课题。

化学反应工程是化学工程的一个重要分支和组成部分，以化学反应过程和反应器为研究对象，旨在进行化工反应技术的开发、反应过程的优化和反应器的设计与优化，属于化学工程与工艺专业的核心课程。本课程涉及物理化学、化工热力学、化工传递过程、优化与控制以及数学、物理等多领域的知识，是一门集综合性、工程性和理论性于一体的交叉性很强的学科。

化学反应工程学科内容体系复杂且交互性强，科学选择教学内容对课程教学显得尤为重要。根据化学反应工程学科的特点，教学内容的选择应力求体现学科的科学性、先进性和工程实用性，并依据不同的专业方向，紧密围绕反应过程、传递过程这两个基本过程和课程教学目标，科学选择和衔接教学内容。其主要内容应包括：

1. 反应工程学科基础

反应工程学科基础的教学内容包括：反应工程任务和研究范畴，反应工程研究方法，反应器类型及其操作方式，化学反应转化率、收率和选择性，等等。

2. 均相反应动力学基础

均相反应动力学基础的教学内容包括：反应速率的工程表达，幂函数型动力学方程，动力学方程的工程转换及其参数估值，等等。涉及简单反应、复合反应、自催化反应，并按温度效应和浓度效应展开教学。

3. 非均相反应动力学

非均相反应动力学的教学内容包括：化学吸附与平衡，气固相催化反应本征动力学，气固相催化反应宏观动力学，多孔催化剂内气体的扩散，固体催化剂内扩散有效因子，非催化流固相反应动力学，气液相反应动力学，等等。

4. 理想流动反应器设计与分析

理想流动反应器设计与分析的教学内容包括：反应器中流体的流动模型及其工程返混，反应器设计的基本方程，间歇反应器及半间歇反应器设计与分析，活塞流反应器及循环流动活塞流反应器设计与分析，全混流反应器及多釜串联反应器设计与分析，反应器的热稳定性，反应器型式和操作方式的评选，等等。

5. 停留时间分布与非理想流动反应器

停留时间分布与非理想流动反应器的教学内容包括：停留时间分布概念，停留时间分布实验测定方法和统计特征，非理想流动模型及非理想流动反应器设计方法，等等。

6. 固定床反应器

固定床反应器的教学内容包括：固定床中的传递过程，固定床反应器的数字模型，气固相催化反应过程的最适合工艺条件，绝热式固定床催化反应器的优化设计，自热式固定床催化反应器的优化设计，等等。

7. 其他多相反应器

其他多相反应器的教学内容包括：流化床反应器，气液相反应器，气液固三相反应器设计原理，等等。

由于化学反应工程具有内容多、公式多、计算烦琐的特点，很多大学生在学完本门课程后，留下深刻印象的仍然是复杂的公式推导和计算，还会感到十分迷惑。因此，教师在课堂教学时，应着重进行基本概念、基本理论和工程观点的阐述，构建一个清晰、明确的化学反应工程知识体系，让学生清楚课程的核心目标以及不同章节知识点间的内在联系，不过多纠结于复杂的数学计算，化繁为简，从而更好地掌握本课程的知识。

（二）化学反应工程实验教学内容

化学反应工程是化学工程的一个分支，它是化学工程与工艺专业本科生的一门专业主干课程，也是一门专业核心课程，是在学习化工原理、化工热力学等专业课程之后开设的。其应用遍及化学工业、能源工业、医药行业、新材料行业、生物化工、冶金业及轻工业等许多工业部门。化学反应工程实验是化学反应工程理论课程教学的延伸,它不仅与化学反应工程理论紧密相关,也与化工生产实际联系密切。

化学反应工程涉及的知识领域广泛,对于加强学生的化学反应工程基础和工程分析能力具有十分重要的作用,与之相配套的化学反应工程实验对提高学生的专业能力、工程能力、团队协作能力、分析问题解决问题的能力等都有重要意义。

化学反应工程类的实验主要有以下几种类型:

1. 催化剂的制备及性能表征类实验

催化剂的制备及性能表征类实验主要包括:沸石催化剂的制备,催化剂孔径分布和比表面积测定,催化剂内气体扩散系数测定,四氯化碳法测定催化剂的孔容积,流动吸附色谱法测定催化剂表面积,等等。

2. 反应器特性类实验

反应器特性类实验主要包括:填料塔轴向混合特性测定实验,均相反应器停留时间分布测定,流化床特性测定实验,多釜串联反应器中返混状况测定,循环反应器返混状况测定,鼓泡反应器中气泡比表面积及气含率测定,等等。

3. 反应类实验

反应类实验主要包括:一氧化碳变换反应级数的测定,甲烷蒸气催化转化反应动力学数据的测定,微分反应动力学方程的测定,气固相催化反应宏观反应速率测定,乙苯脱氢气固相催化反应,等等。

二、化工工艺教学内容体系

(一)化工工艺理论教学内容

化学工艺学是专门研究化工产品生产工艺、原理、方法、特点与应用之间的相互关系和一般规律的一门课程,是化学工程与工艺专业的主干课程和基础课程,是高等化工教育的核心内容之一。该课程将学生所学的化学与化工基础知识运用到产品工业化的实践中,在化工专业课程体系中,具有承前启后的作用。

化学工艺是以过程为研究目的,重点解决整个生产过程的组织、优化问题；将各单项化学工程技术在以产品为目标的前提下集成，解决各单元间的匹配、链接；在确保产品质量的条件下，实现全系统的能量、物料及安全污染诸因素的优化。

因此，在化工工程项目中，化学工艺承担着核心作用。只有根据工艺的要求，才能合理利用化学工程、工业催化、化工机械和系统控制等学科的最新成果，组织合成出最先进的流程，其他诸如土建工程、公用工程、安全与环保等均需围绕如何满足工艺要求而实施。因此，化学工艺课程在培养具有创新精神和工程实践能力的高水平化学工业科技人才过程中，占有举足轻重的地位。

化工工艺学是在化学、物理和其他科学成就的基础上，研究综合利用各种原料生产化工产品的原理、方法、流程和设备的一门学科，目的是寻求技术先进、经济合理、生产安全、环境无害的生产过程。化工工艺学一般包括：原料的选择和预处理、生产方法的选择和方法原理、设备的选择，催化剂的选择和使用、流程组织、生产控制、产品规格和副产物的分离与利用、能量的回收和利用，以及安全和环境保护措施。因此，在化工工艺学的教学过程中，结合绿色化学的研究成果和技术，向学生渗透绿色化学的理念，对于促进我国社会和经济的可持续发展具有重要的现实意义。

（二）化工工艺实验教学内容

化工工艺实验是一门独立的综合性实验课程，是掌握专业工程技术的重要环节。它是从工程与工艺两个角度出发，选择典型的工艺与工程要素，组成系列的工艺与工程实验。其目的是了解化学工程与工艺专业实验的特点，掌握其基本实验方法和研究方法，培养学生综合分析问题、解决问题的能力。通过学习，培养学生的创造性思维、理论联系实际的学风和严谨的科学实验态度，提高学生的实验动手能力、观察能力以及分析问题和解决问题的能力，为今后工作打下较扎实的基础。

化工工艺实验课程是应用化学专业必修的一门实践性基础课程，是培养学生工程能力的一个重要环节，做好化工工艺实验课程的教学改革，对提升学生运用数学、科学及工程知识的能力和解决化工生产中实际问题的能力具有重要意义。

三、化工传递过程教学内容体系

(一)化工传递过程理论教学内容

化工传递过程是一门工程理论性和系统性较强的课程,主要内容是系统地论述化工单元操作的共性原理,并归结为动量、热量和质量的传递过程,将化学工程的研究方法由经验分析上升为理论分析。

课程目的在于培养学生的数学物理概念和工程观念,最终使学生能够运用数学物理方法建立数学模型,进而分析、了解、解决化工传递过程中的实际问题,为优化各种传递过程和设备的设计、操作及控制打下良好的理论基础。

化工传递过程是把以往分别讲授的流体力学、传热学、质量传递三门课程,根据内容的内在联系,科学地组合而成的一门新课程,它将动量、热量、质量传递(简称“三传”)的内容用统一的格式排列,用类似的方法进行传授。课程中各传递过程既有独立性又有类似性,概念、定义和公式较多,基本方程又相当复杂,给学习带来一定的困难,但可运用“三传”的类似关系进行研究理解。

化工传递过程,也是在化工过程单元操作原理基础上,进一步对化工生产过程作的又一次归纳。了解和掌握“三传”原理,对于深入细致地分析一切单元操作过程的内部机制,揭示过程间的内在联系,剖析现有生产设备中的薄弱环节,强化各化工单元操作中的传递速率,因此对各种化工单元过程和设备的设计、研究、开发都有不可估量的作用和深远意义。

(二)化工传递过程实验

化工传递过程实验主要包括基础性实验和应用性实验。

属于基础性的实验包括:黏度的测定,导温系数的测定,扩散系数的测定,流体流动膜厚的测定,三传类比,滴、泡、膜传递性能测定,以及计算机仿真和模拟实验等。

属于应用性的实验有:化工设备与填料塔流速场的测定,精密精馏实验,填料塔或板式塔内流体停留时间分布的测定等。

基础性实验的侧重点是巩固和验证理论知识,培养实验技能,提高数据处理与误差分析能力。应用性实验的着眼点在于运用所学的理论知识和实验手段解决各种问题,开拓学生的视野,研究生产上出现的各种急需解决的实验问题。这部分内容宜通过课外组织兴趣小组活动,或毕业设计进行。

第三节 专业延展课目教学的内容体系

化学工程与工艺专业的延展课目,主要包括:化工技术经济、化工环保与安全等。

一、化工技术经济教学的内容体系

化工技术经济学并不是技术与经济学的简单合并,而是二者有机融合、交叉贯通而产生的新科学。

化工技术经济学所研究的内容有两大类:一类是大范围(宏观)技术经济问题,如化学工业的布局、投资方向的确定、投资效果的估计等;另一类是小范围(微观)技术经济问题,如产品方向的确定、经济规律分析、技术方案选择等。

具体来讲,化工技术经济学所研究的内容就是利用技术经济学的基本原理与方法,对化学工业中的项目建设、新技术开发、技术改造等方面进行系统全面的分析与评价,提出合理的选择。

化工技术经济学起源于化学工业生产实践,是一门包含化工技术与经济学的实用型学科,具有实践性和综合性的特点。同时,化工技术经济贯穿整个化学工业过程,是化工生产追求经济收益最大化的强有力工具。尽管化工技术经济课程是化工类专业选修课,但学习化工技术经济学仍有重要的意义。

二、化工环保与安全教学的内容体系

化工环保与安全课程将化工、环保、安全工程等专业知识交叉融合，是面向企业实际需求的一门实践性很强的课程。化工环保与安全课程的内容体系包括：化工行业产生“三废”的路径及其无害化、减量化、资源化方法，防毒、防爆、防火，以及设备安全、系统安全工程等化工环保及安全技术。主要目的是让学生能够适应用人单位的实际需求，在实际工作中，能将化工企业的“三废”控制和安全生产，自动植入化工单元操作、化工设计和管理等各个环节。

国内一些院校开设的化工环保与安全课程，与学生未来的专业就业岗位相结合，在规划、设计教学内容的时候加入了相关执业资格证考试大纲的内容（注册环评工程师、注册安评工程师等），体现了实践性，有效提高了学生对该课程学习的兴趣。在具体知识内容上，选用的教材普遍将环境保护和安全生产分为“化工环境保护技术”和“化工安全生产技术”两个独立的篇章。前者主要介绍化工行业“三废”治理技术，后者主要介绍防火、防爆、防毒、职业卫生等内容。另外还有清洁生产、系统安全分析等内容，在教材设计上较为合理。

在实际教学过程中，特别是在地方应用型普通院校，需要授课教师根据学情和区域产业需求在教材上下功夫，避免将“环境保护”和“安全生产”简单分为两个模块进行教学内容设计，要适应区域生产实际。例如，在化工环保与安全教学中，教师应以教材中“三废”治理相关理论为教学基础，考虑氯碱化工、煤化工、染料化工的实际，重点针对酸碱氯、电石渣、汞触媒、染料废水等污染物，结合相关法律法规、标准及管理方面的内容，系统构建符合区域生产实际、应用性较强的化工环保课程内容体系。①

①王岳俊，王秋卓，王彩虹．化工环保与安全课程教学内容及教学方法探析[J]．教育教学论坛，2020(41):271.

第二章 化学工程与工艺专业教学的目标要求

第一节 基础原理课目教学的目标要求

一、无机化学教学的目标要求

无机化学是在原子和分子的层次上，研究无机物的组成、结构、性质和变化规律的科学，是化学领域的一个重要分支，是一门古老又充满活力的学科。对于化学类专业的学生，学习无机化学对掌握化学基础知识、基本理论，综合运用化学原理与方法分析、解决和研究化学问题，培养自主学习习惯、创新意识和实践能力等都起到不可或缺的作用。因此对于化学类专业，无机化学类课程的设置与教学内容十分重要，对学生培养目标与毕业要求的达成起到重要的支撑作用。

2013至2017年，教育部高等学校化学类专业教学指导委员会(以下简称“化学教指委”)受教育部委托制定了《化学类专业教学质量国家标准》(以下简称《质量标准》)，对教学基本内容作出明确规定，与无机化学教学相关的有：化学热力学、溶液中四大平衡、化学动力学、催化化学、原子结构与元素周期律、化学键与分子结构、单质及其化合物的性质、化学反应与变化规律、酸与碱、配位化合物、纳米结构与纳米材料原理等。

在《质量标准》的基础上，化学教指委又制定了《化学类专业化学理论教学建议内容》(以下简称《建议内容》)，进一步细化并拓展了无机化学的教学内容，除了化学基本理论、元素化学基本知识外，特别提出原子簇化学、生物无机化学、无机材料、无机合成方法等。同时，《质量标准》和《建议内容》都鼓励各校根据具体情况增加特色内容。

同时,无机化学实验教学活动的开展,除了要通过训练使学生掌握基础知识和基本实验技能外,更要着重培养学生的动手实践能力和创新能力。

无机化学实验课是学生在大学学习的第一门化学基础实验课,它和无机化学基础理论课一起为以后学习各门化学课程起了承前启后、打好基础的重要作用。人们常说,无机化学(包括课堂教学和实验教学)是大学化学的"入门课",是培养化学工作者的"启蒙课",是"基础的基础课",这是很有道理的。

我国著名的无机化学教育家戴安邦教授,曾对化学实验课的目的作过精辟的概括,他主张为贯彻全面的化学教育,认为化学教学既要传授化学知识和技术,更要训练科学方法和思维,还要培养科学精神和品德,其中化学实验课是实施全面的化学教育的最有效的教学形式。结合这个论述,在此分析一下无机化学实验课教学的目标要求。

(一)传授知识和技术

化学知识包括事实、定律和学说。化学定律和学说都是在对大量实验结果和数据进行分析、概括、综合之后抽象出来的,它们还要受到实验的证实。学生对这些化学知识的掌握,必须遵循"实践、认识、再实践、再认识"的认识论,通过实验从生动直观的印象获得明确而深刻的感性和理性认识。

实验是介绍化学的媒介物。许多化学原理通常能从学生实验引出,如无机化学中的元素周期性、结构与性质的关系、化学热力学原理、化学反应速度理论,以及酸碱平衡、沉淀溶解平衡、氧化还原平衡、配位平衡等理论,都应该而且必须通过实验而深入掌握。对无机化学中元素及其化合物知识的学习,只有通过实验才能收到举一反三、难以忘却的效果。当然这些理论和知识是极其丰富和繁多的,在实验教学中不可能也不必要"无所不包",只须安排主要而又典型的实验进行教学。作为无机化学实验技术,它有自己的理论、方法、手段等,包括:典型的测试、合成仪器装置和原理,各类重要基本操作规范和原理,实验方法选择原则、数据处理和撰写实验报告,等等。这些技能必须在实践中获得,并且在不断磨炼提高和发展。

(二)训练科学方法和思维

科学方法就是科学家用于解决问题、探索新知以增进人类认知的方法。先通过实验和观察收集事实得到感性知识;再经过分析、比较、判断、推理和归纳得到概念、定理、原理和学说等不同层次的理性知识。这种科学方法也应当是学生获得知识和技术的方法。

在学生做每一个无机化学实验时,首先要仔细观察,并如实记录。这是了解化学事实、认识变化规律的出发点。必须在实验中不断养成这种习惯。实验中常常会出现一些“反常”现象,即所谓“不符合”书本上讲的或自己了解的事实。这时候,最能引起学生的思考和分析。例如,应分析药品是否搞错,药品用量的多少,药品加入的先后顺序,条件有无改变等,这些原因都有可能对某一特殊反应有直接的影响。一旦分析并解决了这个问题,学生就从“反常”中获得了“新知”。无机化学实验着重培养的是学生的观察、判断和记录实验现象的能力和处理意外实验结果的应变能力。

其实在某种程度上,学生在实验室里的学习工作和化学家在实验室里的研究工作一样。这意味着,我们的学生无论在做基本实验或做研究性实验的时候,都要从解决某一实际化学问题出发,认真查阅资料、观察和测试,从实验事实和结果得出结论,最终解决化学问题。这就是说,在学生得到第一手化学知识的同时,获得了分析问题和解决问题的能力,并在获得知识的过程中发展了智力。

(三)培养科学精神和品德

有卓越成就的科学家不仅有丰富的知识和高超的能力,而且有高尚的科学精神和品德。科学精神,就是尊重事实、贵在精确、追求真理、善于创新的精神。科学品德,就是在科学工作中科学家的言行所表现出来的性格特点,主要有谦虚好学、刻苦勤奋、为道献身、致力创新、坚韧不拔、尊重同事、乐于协作等。

绝大多数学生,在中学阶段的实验训练是不足的,没有受过正规的系统训练。无机化学实验是学生进大学后的第一门基础实验课,在学习过程中会受到严格有序的训练和熏陶。尊重实验事实是每个实验者应遵循的首要原则。违反操作规程必须纠正,实验失败了要重做,测试实验根据定量标准进行检验,实验操作、数据处理、实验报告都要自己独立完成,每次实验要记成绩,还要进行严格的考查和考试。在实验中鼓励学生有新的发现和创见,提倡师生互教互学、学生互帮互学。要求学生在实验中养成整洁、卫生、遵纪、爱护公物、注意节约等良好习惯和品德。这一系列的规范和要求,都是为了给学生创造一个良好的学习场所和环境,为他们今后的学习和研究工作打下坚实的基础。

(四)实验教学中的"能力培养"和"智力发展"

无机化学实验使学生既获得了知识,又培养了能力。在无机化学实验中,涉及的能力培养目标主要包括:一是,观察能力、思维(包括想象)能力、记忆能力;二是,动手能力(或实际操作能力)、查阅能力、表达(包括计算、处理)能力;三是,自学能力、分析问题能力、解决问题能力。

(五)培养解决实际问题能力的基本过程思维

为解决无机化学中的一些实际问题,不论问题大小和难易,一般都要经过以下的基本过程:

(1)发现和明确要解决的无机化学问题;

(2)收集有关的文献、现象、素材和数据;

(3)分析、研究和处理现象、素材和数据;

(4)得出规律和结论;

(5)回到实践中检验。

细化下来,可以分为下面十大步骤:第一,提出问题;第二,设计收集方案;第三,观察、操作、测定;第四,记录;第五,处理(表格化、方程式化和线图化);第六,概括、推理和判断;第七,发现规律;第八,提出假设;第九,验证假设;第十,扩大应用。

教师在实验教学中,不管是做基本实验还是做研究性实验,都要有意识地引导学生使用这个科学的基本过程,逐步培养和提高学生解决实际化学问题的能力,使学生摒弃"重理论、轻实践"的思想。

二、有机化学教学的目标要求

目前，有机化学已作为化工类专业的一门基础课程，但其教学目标只是让学生掌握一些有机化合物的结构与性质，以及一些简单的合成方法，以便为后续课程奠定基础。然而，在科学迅猛发展的今天，现代有机化学的研究领域已远远超过了这些，各个学科间的交叉现象也日益显著，尤其是与生命科学的交叉与渗透最为突出。在生命体系中，有机物大量存在且发挥着重要作用。

因此，目前的有机化学课程必须充分考虑到这一点，应重新确定目标。以往我们培养的学生通常基础知识掌握得比较扎实，但灵活运用能力与综合解决问题能力较差，尤其缺乏创新意识和创新能力。因此，我们要根据发展需要并结合专业特点，在学生掌握基础知识的前提下，着重培养他们善于提出问题、分析问题并解决问题的能力。

有机化学实验是有机化学理论课的延续和提高，提供多样化的实践操作内容，对培养大学生的实践能力以及有机化学课程目标的全面落实具有重要作用。各高校应改进教学内容和方式，注重厚基础、宽领域、广适应、强能力，强化对学生科学思维、创新能力的训练，激发学生学术探究和实践历练的热情，扩大学生知识面，提高其综合素质和适应能力。

三、分析化学教学的目标要求

分析化学实验教学的任务，是使学生进一步理解和掌握分析化学基本原理，增强基本操作技能，养成严谨、实事求是的工作态度，提高分析问题、解决问题和创新的能力，为日后从事材料分析测试和化学品检测等相关工作打下坚实的基础。

传统的分析化学追求考试能力强、知识面广、基础扎实，这些目标显然不能满足新时期分析化学教学的需要。为此，传统的分析化学教学目标不得不进行变革，以贴合社会的实际需求。在分析化学教学活动开展中，需要协调与其他课程的关系，减少重复的现象，并且特别注意在教学活动中尽可能多地引入一些实际案例进行教学。新时期的分析化学教学目标包含以下几个方面。

（一）增强学生课程的职业认同感

高校学生有一个共同点，就是非常关心所学课程的内容与将来工作之间的关系。他们经常向教师提的一个问题就是："我们学习的这门课程有用吗？"所以每门课程的教学，教师都应告诉学生这门课程的教学内容与将来可能从事的工作之间的关系，以增强学生对这门课程的职业认同感。对于分析化学这门课，可以从三个层面构建学生的职业认同感。

1. 专业技能认同感

分析化学课程的教学内容直接对应于分析检验类工作岗位。在与化学过程密切相关的企业，如化工、制药、食品等企业，均设有分析检验的岗位，主要从事原材料、中间体及产品的质量监测，是一类技术含量较高的专业技术岗位。分析化学对于这类岗位是一门专业技术课。中级化学检验工和中级药物检验工两个证书的考取，均要以分析化学的教学内容和训练项目为支撑，这两个证书是在分析检验类岗位就业的通行证，许多毕业生就是凭借这两个证书在这类岗位就业的。

2. 相关职业群领域的认同感

由于我国的高等职业教育目前采用的是非订单式的灵活就业方式，能够在哪类岗位就业，受许多因素的影响，如个人兴趣、特长、家庭背景、社会关系等。因此，学生就不一定会在自己所学专业相关的岗位就业。

在这个意义上，分析化学就成了专业基础课。这一点可以从两个方面看：从学习方面看，分析化学是化工、制药、食品等专业的许多课程的基础，是学习这些课程的前导课程；从就业方面看，尽管学生毕业后不是直接从事分析检验工作，但"物质的成分是什么""物质的含量是多少"等问题也会在工作中经常遇到，因此，学好分析化学是十分必要的。

3. 综合素质提高的认同感

教师还可以在综合素质层面上增强学生对分析化学的认同感。我们应该告诉学生，分析化学的相关知识会在日后生活、工作中发挥相应的作用，如进行过"工业污水中化学需氧量测定"实验的人，与没有做过这个实验的人，对水体污染的理解是会有很大不同的。分析化学的相关知识会帮助人们更理性、更自觉地对待环境问题。

(二)注重操作技能的培养

1. 理论技能化,原理方法化

教师应该牢固树立理论为技能训练服务的教学思想,尤其是一些高等职业院校的教师,其核心任务是培养高级技能型人才,这就决定了技能训练是教学的重点。所以,在高职院校的分析化学教学中,要在技能实践需要的背景下讲授理论,为技能的训练服务。

例如,滴定是化学分析最基本的操作,而滴定最关键的环节是终点的确定。在一元强酸和一元强碱的相互滴定实验中,通过计算可以知道在计量点附近只要加入0.04毫升滴定剂就会变色,即为终点。在实际操作中只滴一滴,溶液的pH改变约5.4个pH单位,而指示剂的变色范围一般在2个pH单位以内,有的指示剂的变色范围只在1个pH单位左右,这时只要1/4滴滴定剂就可以确定滴定终点了。又如,各种滴定方法中滴定曲线的绘制原理都很相近,所以在学习配位滴定、氧化还原滴定时就不再详细讲授滴定曲线的绘制原理了,在讲清纵坐标和横坐标所代表的物理量后,可以直接给出滴定曲线,使理论技能化。

理论技能化和原理方法化是分析化学教育中应大力提倡的教学理念,在这个意义上看,教育中的分析化学并不存在真正意义上的理论知识。

2. 强化规范,训练技能

在企业的实际分析检验过程中,每一个环节(包括数据处理和实验报告的书写)都有严格的操作程序和规范,这是获得准确结果的先决条件。为使学生将来工作时能适应这样的要求,就应该在日常教学中严格按标准的程序和规范来要求学生。并且这是一个不断强化的过程,其教学目标应该是使学生把一些规范和程序变成习惯动作。学生在实验操作过程中经常会有一些不规范的操作,例如:在使用移液管时经常忽略润洗这个程序,认为洗干净就可以了;移液管深入液面的深度把握不好;忘记擦去移液管外部下端黏附的液体;等等。这些问题只有经过多次强化才能使学生养成良好的习惯。

严格执行分析检验的程序和规范是有章可循的训练过程,一些技能的特点具有不可替代性，是不经过训练就不会具有的能力。例如对滴定终点的预判能力。只有对终点的预判准确，才能适时采取措施，精准确定终点。再如，移液管的定容过程要求控制液面均匀下降，这需要经过反复练习才能掌握。

3. 测定结果要准确

这是训练过程始终要强调的一个目标。在开始时，有的教师认为技能训练就是使学生掌握规范程序和方法，结果是否准确并不重要。后来通过教学实践认识到，强化教学结果的准确性有利于培养学生严谨的科学态度和自信心。在教学中，可以对测定结果从精密度和准确度两个方面来衡量，采用百分制进行评价。精密度（要小于0.2%）和准确度都符合要求的记90～98分；准确度符合要求，精密度大于0.2%的记80～89分；余下的酌情记分。为了避免学生修改数据，完成实验报告后才能离开实验室。[①]

（三）注重实际应用能力的培养

工（作）学（习）结合是当前教育中被广泛接受的教育思想，二者的有机结合对于分析化学这门课程的教学有着得天独厚的优势，企业分析检验的实验室与学校的实验室几乎没有区别，只要教师有意识地贯彻工学结合的教学思想，就能使学生当下的学习过程与将来的工作过程相统一。为此，我们可以采取如下措施：

1. 采用国家或行业标准方案

在实际操作训练中，我们采用的方案可以选自各化工、制药企业实际执行的分析检验方案。这样做的好处是能使现在的训练与将来的工作无缝对接。

2. 培养学生独立工作的能力

要想让学生毕业后能独立进行分析检验工作，在校期间就应该让他们有相关的体验机会。为此，集中实训期间的分析检验项目，可以在教师的指导下由学生独立完成。

①王凤军．高等职业教育中《分析化学》教学目标设定的探讨[J]．吉林教育学院学报，2010(2):149-150.

(1)能够读懂方案。这是分析检验的第一环节。主要是解决两个问题:测定原理和操作步骤和程序。原理问题所要解决的主要是方案中可能涉及学生所不熟悉(或已经忘记)的化学知识。这时要指导学生查阅《无机化学》《定性分析》等相关资料和书籍。例如,各种指示剂、缓冲溶液的配方等。操作步骤和程序是与原理密切相关的。又如,同样是溶解氧化锌,在测定氧化锌时用盐酸,而在测定氧化铅时却用硝酸。为什么要用不同的方法?理解了原理才能避免操作步骤和程序上出现“照方抓药”的被动状态,也有利于学生创新能力的提高。

(2)学生自己配制各种试剂。在实验操作的教学中,很重要的一个环节是配制测定所需的试剂(包括指示剂和缓冲溶液),这个能力是学生在校期间就要得到锻炼的。

以上三个方面是互相联系的,学生有了对课程的认同感,自然会增加学习分析化学的积极性和主动性;学生掌握了技能,能够获得准确的测定结果从而有利于提高对所学课程的认同、增强实际应用能力,学习积极性也会相应提高。

四、物理化学教学的目标要求

近年来,随着新课程标准的实施,教师也在不断加强对教学理念、教学模式的创新探索,以期不断激发学生的学习主动性,全面提升教学成效。物理化学作为大学基础课程之一,是冶金、化学以及材料等相关专业重要的基础公共课程。加强该课程的教学主要是为了不断提升学生的物理化学理论素养,引导他们学会运用所学的原理方法去解决实际问题,在实践中总结规律、提高逻辑思维能力和创新应用水平。

由于物理化学本身的知识点比较分散,且相对抽象,所以学生普遍反映学习难度比较大。传统的考核模式主要是教师结合教学目标和教学内容等对学生进行理论测验,这种结果性考核方式不利于促进教学互动,并且单纯以成绩来衡量学生学习成效的方式也比较片面。随着新课程标准的实施,构建以学生为本的现代化教学模式成为当前高校物理化学教学关注的焦点。引入过程考核,通过全面观察和分析学生的日常表现等对学生进行评价,有助于不断提升人才培养成效。因此,加强基于过程考核的物理化学课程教学改革探索具有深远的教育价值。

考核只是教学活动中的一种形式，重点是通过考核来不断检验学生的学习情况，找出他们学习中存在的问题并加以纠偏和优化，提升他们的学习积极性和学习能力。所以先要明确教学的基本目标，对物理化学新课程标准进行全面深入的分析研究，提出具体的教学方向和目标任务。同时要精心进行教学教材的选择，按照新时期素质教育改革的要求，结合大学生的身心特点以及不同专业的培养重点，选择适宜的教材，还要从应用型人才培养的视角对教学内容等进行不断的创新和完善，将那些难度较大、理论性过强且实践意义偏低的内容剔除，从而全面提升教学内容的丰富性和科学性，激发学生的学习兴趣。

教师要注意针对不同专业、不同学习基础的学生设定不同层次的教学目标，这样可以更好地引导学生系统地学习物理化学等方面的知识，提高学习积极性，提升学习质量。

物理化学实验教学的目的是使学生通过实验课程的学习与实践，了解物理化学的基本研究思想和方法，掌握物理化学的基本实验技能和现代的科学研究技术，加深对物理化学基本原理和基本知识的理解和掌握，培养并不断提高学生分析问题、解决问题和创新的能力，为今后从事化学研究或相关领域的科学研究和技术工作打下扎实的基础。

物理化学实验教学坚持科学的化学教育观，要求化学实验教学既能传授化学知识和技术，又要训练科学方法和思维，还要培养科学精神和品德。旨在通过化学实验这种最有效的教学方式，培养具有创新意识、创新精神和创新能力的适应人类社会发展需要的化学人才。

物理化学实验是继无机化学实验、分析化学实验和有机化学实验之后独立开设的实验课程，是化学相关专业的核心基础课之一。该课程在基本教学内容上，既保留了部分经典实验，同时又结合学科前沿增加了一些新的实验以及一些探索性实验。

教学大纲中，物理化学实验教学目标与基本要求主要包括：一是学习并掌握物理化学实验基本原理、方法和技能；二是通过物理化学实验，加深对物理化学基本原理和概念的正确理解，灵活应用相关原理和现代实验技术，解决实际问题；三是训练学生归纳、分析和处理实验数据和书写科学实验报告的能力；四是培养学生的环保意识、实验室安全意识和良好习惯；五是通过探索性、综合性实验，培养学生的研究思想、创新思维，以及独立进行科学研究的能力；六是通过该课程的学习，进一步培养学生实事求是的科学态度、刻苦钻研的科学精神和严谨的科学作风。

五、高分子化学教学的目标要求

目前，高分子合成材料广泛存在于我们的衣食住行中，大到化工、机械、军工等领域，小到衣帽鞋袜、包装外饰等与民生息息相关的生活用品。高分子材料的性能与其他传统材料相比具有种类繁多、结构新颖、质量轻、耐腐蚀、机械强度好等明显的优势。高分子化学虽然诞生得最晚，但是由于其与国民生产生活息息相关，以及大量学者对新材料的广泛研究、开发和利用等原因，被誉为第五大化学。

因此，在教学过程中，应加强创新思维等综合素质的培养，使学生在以后的生产、工作或科学研究过程中，可以应用所掌握的高分子理论基础知识，对遇到的实际问题进行思考和分析，并能够提出行之有效的解决办法。

高分子化学是一门重要的专业基础课程，对后续其他课程的学习具有直接的影响，教师在教授这门课程时，应保证学生掌握多方面的知识和内容；学生在学习高分子化学中，需熟练掌握各种反应机理。因此，该门课程具有很强的综合性和实用性。目前，许多高校的高分子化学课程教学模式比较单一，学生不能以积极主动的态度投入学习。教学方式与方法将决定教学效果，为此要对现阶段的教学进行改革和创新，教师要积极探索和研究新的教学方法，将传统教学与新型教学有机结合，使学生扎实掌握理论知识，全面提实践能力。

随着我国高等教育的不断发展，各大高校纷纷开设高分子的化学课程。一方面，由于每个高校均有其自身的办学定位，所以需确定高分子化学课程在专业培养目标中的定位，同时需要更新传统的教学理念，对现有的教学模式进行改进，及时调整教学内容，使教学内容与时俱进。另一方面，要避免使用单一的教学方法，需以激发学生兴趣为前提，可将多种教学方法进行组合,使枯燥乏味的理论知识变成生动有趣的教学内容;重视实验教学的实用性,根据学生的兴趣爱好开展课程设计。

学校需选择合适的高分子化学教材,有效提炼教材中的传统内容和新颖内容。需结合专业的特点,充分利用多媒体技术辅助教学。由于该课程的知识点众多,如果采用传统的教学方式进行理论知识的讲解,就会导致学生感觉枯燥乏味,不能完全掌握知识。有些知识点比较抽象,若使用多媒体教学,就能化抽象为直观,化文字为生动的视频与动画,可促使学生充分理解和消化知识。进行公式推导时,教师可以将传统的板书形式与多媒体教学相结合,从而帮助学生逐渐理解和掌握公式。

第二节 实践应用课目教学的目标要求

实践应用课目与社会实践紧密相关,所以,教师应根据社会需求来确定教学目标,进行化工人才培养。此外,由于科技的不断发展,各类高新材料的创造、更新速度较快。高校的教学,一定要跟上社会的发展,及时扩充教学内容,将最新的相关知识及时地纳入教学内容中来。同时在对学生进行实践教学时,不仅要培养其专业实践能力,同时还应对其进行素质、品格培养。

一、化学反应工程教学目标要求

(一)化学反应工程理论

化学反应工程是化学工程学科的重要组成部分,是国民经济重要支柱的过程工业的学科基础,也是生物工程、材料科学等专业的支撑学科。化学反应工程课程是化学工程与工艺专业的主干课程之一,也是涉及石油、冶金、材料、医疗、生化、轻工、食品、建材和环境等利用物理变化和化学变化制造产品的过程工业中,研究生产工艺过程、反应装置、工艺技术规律的诸多专业的必修或选修的技术基础课程。

由于化学反应工程是一个内容体系复杂、逻辑多变且理论性与应用性很强的工程学科,因此教学难度较大。深化化学反应工程课程教学改革,对化工类应用型工程技术人才的培养就尤为重要。

同时,化学反应工程课程是教育部高校教学指导委员会确定的化学工程与工艺专业的核心课程,该课程的核心教学目标是使学生掌握化学反应动力学的研究方法、基本理论,以及反应器的基本特征,能够进行反应器设计和分析,为将来从事化工过程设计和进行工业实践打下基础。

化学反应工程主要研究工业规模化学反应过程的优化设计与控制,基本内容涵盖反应动力学和反应器设计与分析两个方面,涉及诸多知识和技术经济领域。根据应用型工程技术人才培养的质量定位,化学反应工程课程的教学目标应是“基础知识有深度,工程应用有价值”,即从工程应用角度出发,阐明化学反应工程的基本原理、研究方法、反应技术开发和反应器优化设计等问题。旨在使学生能够以化学反应为对象,学习并掌握反应过程的基本规律,以及反应器工程放大、操作控制和优化等工程知识,打好化学工程基础,使其可以运用反应工程方法论分析、解决实际化工过程所涉及的反应技术开发和反应器设计的问题。

该课程的整个教学架构为:从最基本的科学原理出发,建立反应工程的数学模型;然后逐层次加入特性化的反应器类型、反应动力学、非理想流动行为;最后集成所有的内容,确立模型并进行数学求解,实现反应器的设计和优化。学生不需要背诵公式,只需从简单的原理出发进行推导,直至解决复杂问题。这样的教与学的过程也是典型的科学研究的过程。

作为一门专业基础课,该课程的基本教学目标是使学生具备扎实的专业理论基础,学习和掌握相关的工程科学思想,具备独立思考能力和创新思维能力,以及综合利用知识解决问题的能力。而教学的更高目标是培养高年级本科生的专业素养,引导学生形成专业志趣,并能够紧密结合科技前沿,敢于面对现代社会出现的新问题和新挑战。反应工程原理无处不在,学懂学通、活学活用反应工程原理有助于学生更好地理解自然科学和工程科学,掌握一种通用的科学认知方法论,这也是该课程期望达到的最高目标。[1]

化学反应工程主要研究工业规模化学反应过程的优化设计与控制，它是一门综合性强、涉及基础知识面广、数学要求高的专业技术学科。该课程的基本内容包括反应动力学和反应器设计与分析两个方面，目的是使学生掌握研究工业规模化学反应器中化学反应过程动力学(称宏观动力学)的基本方法和基本原理，具备进行反应器结构设计、最优操作条件的确定、最佳工况的分析控制、过程的开发研究和模拟放大等基本能力。该课程的核心就在于对特定反应在适合的反应器内的行为状态进行数学模型的建立及工程学解析处理，注重培养学生的工程方法论、工程能力及技术经济理念，对学生工程能力和素质的培养具有重要的促进作用。

(二)化学反应工程实验

化学反应工程基础实验教学要达到如下目的：

一是培养学生具有从事科学实验研究和产品开发的初步能力，培养学生的工程意识、创新意识和技术经济观念。从事科学实验研究应具备这样一些能力：对实验现象有敏锐的观察能力；有运用各种实验手段正确地获取实验数据的能力；有分析、归纳和处理实验数据的能力；有通过实验数据和实验现象实事求是地得出结论，并能提出自己见解的能力；对所研究的问题具有旺盛的探索和创造力；以及具有一定的实践经验，善于社会合作的能力。通过学习化学工程基础实验，可以很好地增强这方面的能力。同时，为了把科学实验研究成果转化为现实生产力，需要初步具备应用化学工程实验技术进行产品开发的能力。产品开发过程中不可避免地会遇到传质、传热、流体输送和化学反应这一类工程问题，而这正是化学工程基础实验所涉及的。在进行产品开发的同时，可以培养学生的工程意识、创新意识和技术经济观念。

二是初步掌握一些有关化学工程学的实验研究方法和实验技术。化学工程基础实验课程有一些特有的实验研究方法，如量纲分析法(黑

---

①熊煦，汪斌，王国军．化学反应工程课程教学改革与实践探索——基于“基础知识有深度、工程应用有价值”的教学目标[J]．江苏理工学院学报，2017(4)：115-116.

箱法)、类似律法、数学模型法、传质单元法等。初步掌握这些方法,可以引导学生注意学习另一类解决问题的方法,启迪思维,开阔视野。化学工程基础实验知识,是理科化学和应用化学等专业知识结构中不可缺少的内容。化学工程基础实验应纳入一些新的实验技术(包括最新的测试手段),这样可使学生在毕业后能更快适应工作岗位。

三是培养学生运用所学理论分析问题和解决问题的能力。尽管学生已经学过了化学工程基础理论课,但由于时间紧且内容多,有些知识掌握得不太牢固,而且在做实验时还会遇到一些新问题,尤其是工程方面的问题。通过做实验,在理论和实践相结合的过程中,必将有助于巩固和加深对课堂所学的基本概念和基本原理的理解,并且在某些方面还能得到补充和提高。

总而言之,化学工程基础实验课着重于实践能力的培养,这种能力的培养是单纯学习书本知识无法取代的。化学工程基础实验课程由于受学时和各种其他条件的制约,学生只能在已有的实验装置和规定的实验条件范围内进行实验,因此,对学生上述各种能力的培养只能是初步的。但是,这种初步能力对于学生从事科学实验研究、化学应用和产品开发研究是大有益处的,也是必不可少的。

二、化工工艺教学目标要求

根据课程大纲和化工专业要求,化工工艺的教学目标和要求主要是:

第一,使学生了解本课程的研究对象、内容,以及地位、任务和作用。通过查阅资料,了解化工科学史及化学工业的发展趋势,树立绿色化工的意识,明确自己的社会责任和历史使命。

第二,培养学生树立独立设计、独立思考和独立解决问题的意识,培养学生从典型化工生产工艺中,总结规律、开拓创新,具备技术创新的能力。

第三,培养学生具备将新型化工生产技术、产品、工艺管理融会贯通的素质,使学生了解基本化工生产工艺通用规律,并将相关知识用于化工工艺流程开发与选择。

第四,使学生具有与该课程有关的解题、运算和使用技术资料等方面的基本技能,并初步具备解决较复杂的化工生产与管理、分析问题的能力。

第五,使学生掌握化学工艺相关的化工生产与科研技术,能够依据相关信息与知识进行综合应用。

第六,使学生能够结合实际化工生产,树立节能、绿色、环保等可持续发展理念,对有关化工生产与设计学科方面的工程常识、重要技术成就和学科新的发展趋向有所了解。

三、化工传递过程教学目标要求

化工传递过程是化工类专业的重要专业基础课程,是以化学工业和相关过程工业为主要研究对象,在单元操作的基础上,综合有关动量、热量与质量传递的共同规律而发展起来的一门课程。该课程系统论述了化学工程中动量、热量与质量传递的基本原理、数学模型、求解方法、速率的计算,动量、热量与质量传递的类比,以及传递理论的工程应用等内容。该课程从理论上揭示各种单元操作过程的基本原理,是化工单元操作的理论基础。

(一)依据毕业要求的教学目标

根据化工传递过程专门的毕业要求,主要可以分为两个教学目标:

一是使学生能够运用动量、热量和质量传递(简称“三传”)的理论、方程和公式,结合化学反应、化工分离、化学热力学等化学化工原理,正确表达化工过程中的传递过程及其强化问题。

二是使学生能够运用化工传递过程及其强化的相关理论和技术知识,结合文献研究,判断化工过程中的传递问题,分析化工过程,强化其在提效、降耗、减排、减小设备体积、简化流程、提高安全性等方面产生的效果,提出传递过程强化的可行措施或方案,论证预期强化效果,明确化工传递过程强化对社会经济可持续发展起到的重要作用,清楚化工行业从业人员的职业道德和责任担当。

(二)对学生的具体能力要求

化工传递过程主要解决化学工程中动量、热量与质量传递的相关理论问题,旨在通过该课程的理论教学和实践训练,使学生具备下列能力:

一是能够理解动量传递、热量传递和质量传递的基本原理,以及三者之间的密切联系,掌握建立化工传递过程数学模型的基本方法,提高学生分析问题、解决问题的能力。

二是正确理解动量、热量、质量传递过程中的有关基本概念,系统掌握研究上述三种传递过程的基本方法,如运用微元体法分析传递过程并建立数学模型。

三是掌握传递方程的基本求解方法,如分离变量法、变量置换法、Laplace变换法和数值解法,为化工传递过程的分析与求解奠定基础。

四是掌握运用“三传”理论分析、求解流体的流动阻力、传热系数及传质系数的基本方法,充分理解有关无因次准数的物理意义和“三传”现象的类似性。

课程目标要求学生掌握数学、自然科学、化学工程基础和专业知识;能针对一个系统或过程建立合适的数学模型,并利用恰当的边界条件求解;能识别和判断复杂化工问题的关键环节和参数;能运用基本原理,分析化工过程的影响因素,证实解决方案的合理性;能正确提出一个化工问题的解决方案;等等。

第三节　专业延展课目教学的目标要求

一、化工技术经济教学的目标要求

该课程的教学目标主要是培养学生的经济视野和思维,着重于如何运用经济视野和思维来解决化工生产中产生的各种实际问题,提高化工过程以及设备、能源、资源的利用率和整体的经济效益。

二、化工环保与安全教学的目标要求

为了使构建的化工环保与安全教学模式符合新工科建设的要求，充分考虑新工科理念下化学工程与工艺专业学生的核心能力，结合目前社会对化学工程与工艺专业人才的需求，教师需要制定化工环保与安全的教学目标，主要包括以下方面。

（一）知识应用（问题分析）

能分析化工生产过程排放污染物的主要来源，掌握安全事故的特点和化工安全技术的主要内容。

（二）创造能力（设计/开发解决方案）

能够阐述化工生产排放的废水、废气和废渣处理的原理和主要处理技术，并对这些技术进行评估比较，从而构建整合出满足特定要求的解决方案。

（三）人文维度（工程与社会）

能阐明化工生产过程中不发生或少发生安全事故的原理，了解危险源辨识、防火防爆等安全生产技术，能对化工系统进行安全分析与评价，能够正确认识和客观评价化工项目的设计、安装和生产使用过程对社会、健康、安全、文化的影响。

（四）价值观（环境和可持续发展）

能阐释清洁生产的原理，对照比较各种技术的优劣，设计并选择出最优化的方案。注重培养学生化工生产的环保和可持续发展意识。

（五）健康与关心（个人发展）

能熟练掌握工业毒物及分类、工业毒物毒性及对人体的危害和职业病防治等知识，自觉履行化工工程师对公众的安全、健康和环境保护等方面的社会责任。①

①刘文举，刘文升，朱春山，等.《化工安全与环保》教学研究[J]. 广州化工，2021(14):177.

第三章 化学工程与工艺专业教学的主要特点

第一节 基础原理课目教学的主要特点

一、无机化学教学的主要特点

无机化学是化工专业学生进入大学后所学的第一门专业基础课,既是衔接大学与中学化学知识的桥梁,又是贯穿物理化学、分析化学、有机化学等后续专业课的纽带。因此,无机化学课程学习效果的好坏会直接影响其他相关课程的学习和学生整体化学学习能力的培养。

无机化学的教学特点主要表现在以下几个方面。

(一)内容庞杂,学习难度大

无机化学的知识覆盖无机化学、物理化学、分析化学、结构化学等方面,既有基本的化学反应原理,又有抽象的物质结构知识,还有知识点分散、内容繁杂的元素化学。对于不熟悉大学教学方式的大一新生,如何保证在较短的教学时间内,让学生能厘清无机化学的知识脉络,掌握重点知识内容,这无疑是无机化学教学的一个难题。

(二)知识更新较慢

无机化学课程的教材种类较多,内容编排也具多样性。虽然几乎每年都有新出或修订版的教材出版,但总体来说知识点更新不多,内容较为陈旧,其中还包括高中化学的知识。所以在学习初期,有的学生容易产生轻视的情绪,听课和练习的投入较少。而到了中后期,课程知识量显著增大,学生心理准备不足,对于新的学习模式适应不佳,导致不能达到很好的学习效果。

(三)与后续相关课程知识存在交叉

物理化学的动力学与热力学知识是无机化学相关内容的进一步深入和扩展,无机化学的平衡原理和氧化还原反应是分析化学的理论基础,而物质结构的基础知识为后续学习有机化学及结构化学也进行了扎实的准备。此外,很多化工类专业的专业课程也涉及无机化学知识。所以,无机化学知识学习效果的好坏直接影响后续课程以及相关专业课的学习,同时,也对学生的学习心态和兴趣有着重要的影响。

无机化学是一门以实验为基础的学科,实验教学是化学教学体系中必不可少的环节。无机化学实验的主要任务是通过实验教学,加深学生对无机化学中基本理论、无机化合物物质和反应性能的理解,使学生熟悉无机化合物的一般分离和制备方法,掌握基础无机化学的基本实验方法和操作技能,养成严谨的科学态度、分析问题以及解决问题的能力。

同时,无机化学实验作为化学类专业的第一门实验必修课,地位尤其重要。实验教学可以进一步训练学生解决实际问题的能力,从而适应社会的需求。无机化学实验教学的主要特点有:

一是注重学生实验能力培养。选择和确定较好的实验内容,并按照教学规律进行科学组织,是确保实验教学较好实施的基础。因此应不断对实验教学内容进行精选、更新、改进和丰富。根据国家教育部修订的无机化学(理科)教学大纲,无机化学实验总数为24个:基础操作实验7个,占29.2%;基础理论方面的实验3个,占12.5%;无机制备实验3个,占12.5%;性质实验5个,占20.8%;综合设计实验6个,占25%。在总结多年无机化学实验教学实践和改革的基础上,部分高校进行了实验教学大纲的改革。增加了基础操作实验的个数,为学生做好化学实验打下坚实的基础;对大量的性质实验内容采取了精选合并和分而处之的办法,部分的物质性质实验内容改为综合设计实验,充分调动了学生实验的积极性;加深了学生对实验过程与结果的重视,并达到激发学生创新思维的效果。

二是无机实验向绿色化发展。用绿色化学的新理念对化学实验进行改革正逐渐成为化学教育工作者的共识。绿色化学的目的是设计研究没有或者只有尽可能少的环境副作用,并在技术上可行的化学品和化学过程。具体到无机化学实验教学中,主要从以下几个方面实施。

一是推广使用微型化学实验仪器,节约药品,减少污染。微型化学实验具有实验仪器微型化、实验试剂微量化的特点,同时还具有快速、安全、方便和防止污染等特点,在无机实验教学中采用微型化学实验,其经济、环保效益和教学效果十分明显。

二是降低药品浓度,提高实验效果。比如指示剂的浓度降低以后,实验效果更明显。另外,可以循环利用溶剂,充分利用反应产物。如萃取或洗涤用的有机溶剂可以回收蒸馏反复使用。称量练习实验称取的邻苯二甲酸氢钾可以供后面的酸碱滴定使用,避免了重复称量。溶液配置实验配置的硫酸铜溶液可以留作镀铜实验时使用。冷凝管冷凝过程中打破原来的单一流动模式,改为采取多组冷凝管串联的方式冷凝,可以直接减少冷凝水的用量。作为化学教育工作者,应依据绿色化学的思想指导日常工作,细心留意实验的每一个细节,达到节约药品,减少环境污染的目的。

三是实验教学方式多样化。利用多媒体教学课件辅助无机化学实验教学,在学生开始实验前播放各个实验的知识背景、注意事项、仪器基本操作特点等教学视频,如一些气体的制备装置,移液管、滴定管、容量瓶的使用等。通过直观的影像可以加深学生的印象。考核方式也不应拘泥于书面形式和简单的仪器组装,如采取第一学期书面形式和基础操作相结合的考核方式,第二学期增加设计实验的考核。选择容易量化和评价的实验,如混合碱的滴定、未知离子的鉴定等进行考核。注重加强学生的综合实验能力,达到活学活用,举一反三的目的。[①]

二、有机化学的教学特点

有机化学是理工科院校化学化工、材料、环工专业本科生的一门必修基础课,总授课学时为56学时。有机化学是一门重要的基础学科,其

---

①于媛.浅析无机化学教学特点及教学方法的改革[J].现代经济信息,2017(12):450.

知识涵盖材料、化工、环境、能源等多个领域,故而成为较多学科研究的基础。因此,学好有机化学对于相关专业的研究有重要意义。

同时,有机化学学科涉及的化合物种类繁多,结构多变不易掌握,知识点庞杂,化学机理抽象难懂,在学习过程中较难掌握其学习规律。总结有机化学的教学特点,有如下几个方面:

一是有机化学重点学习内容是有机化合物。有机化合物的元素主要由C和H两种元素构成,但其化合物种类却比无机化合物多,原因在于有机化合物存在多种异构现象,包括构型、构象、构造异构,使得有机化合物的种类繁多,难以掌握。因此,有机化学教材中每章节的内容要按照循序渐进、由易到难的原则设置。

二是对于有机化合物的学习主要从命名、物理性质、化学性质以及制备方法这四个方面进行。重点掌握有机化合物的命名方式、结构特点以及化学反应机理。其中化学反应机理是重点也是难点,较难理解和掌握其规律,需要学生以机理学习为基础大量练习多种反应,达到熟练掌握和理解的程度。

三、分析化学教学特点

分析化学是化学化工及相关专业的一门主干基础课程,它既是一个学科也是一门测试技术,是理论与实际密切结合的学科。该课程由化学分析和仪器分析两大部分组成。化学分析主要学习与四大化学平衡相关的计算及如何应用数学统计方法评价分析实验数据,体现的是“量”的化学,涉及大量烦琐复杂的数学运算、严谨的逻辑推理,有利于对学生科学世界观的培育;仪器分析主要学习多种分析方法的基本原理、基本方法、基本技巧,了解分析化学新技术、新方法在各学科中的应用,有利于对学生创新思维的培养。分析化学的这一固有特点决定了它既能培养学生的综合能力,又是塑造崇高人格的特色平台,因此分析化学教学在化学类专业创新应用型人才培养体系中占有非常重要的地位。

仪器分析化学是综合性大学和高等师范院校的一门较新的交叉学科。从其发展的进程来看,由于相关学科间的相互渗透,特别是一些重大的科学发现,为许多新的仪器分析方法的建立提供了良好的基础,不少科学家为此获得了诺贝尔物理学奖、化学奖和生理学或医学奖，仪器分析化学现已发展为内容浩繁、涉及化学和物理基础理论，以及相关实验技术水平较高的一门综合性学科，成为化学和化工学科所有专业的学生必须掌握的一门重要课程。

仪器分析化学是一门集现代物理学理论和分析化学知识于一体的综合性课程。教学的目的是使学生了解和掌握这些基础知识和相关实验技能，并加深对先行课程的理解和应用，从而培养学生发现问题、分析问题和解决问题的能力。

由于课程层次多，范围广，应用性、技术性和综合性强，教学课时往往显得不足。要在有限的教学时间内完成大纲规定的教学任务，教师唯有精心组织教学、精选教学内容、提高课堂教学效果，才能达到教学目的。

仪器分析化学主要包括光学、电学、色谱和波谱等近代物理化学分析方法，课程内容具有系统性、逻辑性和科学性的特点。因为学习和动机是密切联系的，动机是学习过程的核心，而求新探索是一种天生的强有力的动机因素。教学中若抓住这一心理需求，会收到意想不到的效果。

四、物理化学的教学特点

由化学热力学、动力学和结构量化三大理论体系构建的物理化学学科是四大化学中理论性较强的一门课程，长久以来都是教学中的难点。

物理化学是化学教学中的一门重要的基础课。作为化学学科的理论支柱，物理化学既有着严密的科学体系，又在发展过程中形成了新的研究方法。《自然科学学科发展战略调研报告（物理化学卷）》中明确阐述了物理化学的重要性，即“实践表明，凡是具有较好物理化学素养的大学本科毕业生，适应能力强，后劲足。由于有较好的理论基础，他们容易触类旁通、自学深造，能较快适应工作的变动，开辟新的研究阵地，从而有可能站在国际科技发展的前沿”。简而言之，物理化学在整个化学教学中起着承上启下的作用，对培养学生科学的思维方式和创新能力有着重要的意义。由于物理化学学科的特点，比如内容抽象、公式繁多且适用范围有严格的限制、逻辑性强等，这些固有的特性使得教师难教、学生难学的现象时有发生。如何使学生能够在轻松愉悦的环境下领会物理化学的精髓、掌握物理化学的学习方法并开拓其创新能力，是当前物理化学改革的指导思想。

物理化学实验室在实验教学中应以学生为主体，以教师为主导，实行单人单套实验，强调启发式和师生互动式的教学；给予学生充足的时间和空间，激发学生的实验兴趣和潜能，引导学生主动地、创新性地学习和实践，培养学生的创新能力。

五、高分子化学教学特点

高分子化学是大学高分子相关专业的必修课之一，也是大学多数化工、材料等专业的选修课，其主要讲述自由基聚合及离子聚合等的反应机理、热力学与动力学、分子量及分布等内容。高分子化学课程教学的主要特点有以下方面。

（一）内容抽象，概念性强

高分子化学课程包含大量的抽象性内容。如自由基聚合、缩聚、离子聚合和开环聚合的反应机理和历程都是微观的，肉眼看不到。而且，机理的提出以及公式的推导都是建立在大量的假设和模型的基础之上的。比如为了研究自由基聚合动力学，仅在聚合初期就提出了三个假设、四个条件。在高分子化学讲授过程中，还包括大量的公式和方程，比如自由基聚合中的链引发、链增长和链终止方程，自由基共聚合中的竞聚率方程，逐步聚合中的缩聚动力学方程，等等。

（二）概念复杂，易于混淆

高分子化学中包括了大量容易混淆的概念性内容。比如高分子结构单元、重复单元、单体单元、链节的区分，数均分子量、重均分子量、粘均分子量的定义及区分，自由基聚合中的阻聚和缓聚，表征聚合物结构的全同立构、间同立构以及无规立构聚合物，等等。学生在初次接触这些概念的时候，非常容易混淆。

第二节 实践应用课目教学的主要特点

一、化学反应工程教学的主要特点

化学反应工程是化工类及相关专业的主干课程，属于重要的专业基础课和学位课。化学工程是以化学为核心学科，与流体力学、机械学、热力学等学科交叉而形成的。它实现了物质转化过程中各个单元功能的综合集成，一般由分离—反应—分离—反应等单元串联组合而成。反应工程是化学工业的核心。这些都奠定了化学反应工程在化工及相关专业中核心课程的地位。

但是，学生在学习化学反应工程课程后，经常把这门课“评定”为“大学里最难学的课程”。这不仅是由于课程中接触到的反应器类型多、新的理论概念多、应用的数学公式多，还在于涉及的基础课程多。因此，往往存在学生对课堂讲授内容的前后关系连不上、重点抓不住、难点攻不下的现象，最后在头脑中只留下了一堆模糊不清的“印象”。

化学反应工程的教学特点主要有以下几方面。

（一）具有高度综合性

1. 与数学的综合

化工类学生的数学基础总体相对薄弱，而且化学反应工程课程涉及的很多数学内容也超出了化工类本科生的学习范围。比如在分析催化剂颗粒内部反应物浓度分布时，用到了二阶非线性常微分方程；概率论和数理统计则是研究反应器停留时间分布的主要数学工具；在处理离散的实验数据时还可能用到数值分析方法。

在教学中可以发现，绝大部分化工类学生一般只了解简单的常微分方程，基本没有接触过偏微分方程和数理方程，采用图解法解决数学问题和实际工程问题的意识和能力较弱，对数值分析缺乏必要的了解，甚至不会对离散实验数据进行简单的数值积分。数学基础的欠缺阻碍了学生对化学反应工程课程重要知识点的理解,一些数学基础不够扎实的学生,往往选择死记硬背公式。在课程后期,面对繁多的公式,学生觉得课程难度很大并且枯燥乏味,从而放松了对自己的要求,是导致该科成绩分化大的一个重要原因。

2. 与专业基础和专业课程的综合

除了数学之外,化学反应工程选修课程涵盖了化工原理、物理化学、化工热力学等专业基础课程以及催化等专业课程,对于具体的化学反应实例还要用到无机化学和有机化学的知识。化学反应工程学是以化学反应速率为主线,研究传递过程和流动状态等物理因素对反应速率的影响,从而对反应器进行设计和操作。可以看出,化学反应动力学和传递过程是构成化学反应工程的两个重要支撑点。大部分学生在学习完物理化学有关内容之后,很少再接触化学反应动力学,对反应动力学的了解比较欠缺。

从知识结构上看,部分学生的反应动力学知识水平与物理化学课程学习后的水平相比没有明显提高,基本掌握了均相单一反应的本征动力学,但对于非基元反应动力学熟悉程度不一,基本不会根据实验结果判断简单反应网络,不熟悉催化反应动力学特点,普遍缺乏实验训练,不熟悉一般反应动力学实验方法,不会测定催化反应动力学。学习完化学反应工程后,大多数学生仍片面和笼统地认为反应工程就是反应器的设计和分析,没有认识到反应动力学的重要性。这样不完备的知识结构愈来愈不能满足科研和生产的需要。造成这种现象的一个原因是在化学反应工程教学中,囿于课时,在教材和教学方面没有给予反应动力学足够重视。而国外很多优秀的专业教材对反应动力学都有较为深入和全面的介绍,值得借鉴和参考。

在与专业课程的综合方面,一个实例是化学反应工程需要学生对催化剂和催化反应过程有一定的了解。催化反应在现代化学工业中占有极其重要的地位。规模巨大的能源工业,如石油炼制和化工都是建立在催化反应基础上的。据估计,各类产品85%以上都直接或间接与催化过程有关。在现代化学工业中,90%以上的过程都依赖催化反应来完成。

因此，与催化相关的内容是化学反应工程的一个重要组成部分，可能占到课程内容的70%以上，甚至85%。

教师在为催化类专业小班(30人左右)授课时，感到由于学生对多相催化剂物理结构及表面催化反应特点和过程都有一定认识，因此对有关内容的理解和接受也较快。而在进行大班授课时(100人左右)，却需要额外2～4个学时讲授催化背景知识。部分学生学习过化学反应工程课程后，对催化反应和催化反应器的掌握情况不太理想。很多学生不熟悉催化反应特点及催化反应动力学，甚至部分学生不能区分空速、流速及线速度等基本概念，因此也谈不上对催化反应器进行设计和操作。这在一些高年级学生中有所反映，有的学生在实验进行到一定阶段后才发现针对特定的多相催化剂和催化反应没有开展预备实验，以消除内扩散和外扩散等过程的影响，导致实验数据不可信。这同时也反映了讲授化学反应工程课程时面临的另外一个重要问题，即由于化学反应和化学现象繁多，工业反应涉及的反应体系物性和物理过程庞杂，导致化学反应器呈现出多样性的特点。比如聚合反应工程、生化反应工程等都有其各自的特点和规律。另外，随着化学工程以及其他相关学科的发展，在反应工程领域越来越多地体现了学科的融合与交叉，表现在工程与工艺的结合、反应与分离的结合、反应与反应结合、过程耦合与解耦，等等。这些都对学生专业知识的广度提出了较高的要求。

3. 与工程实际的紧密结合

化学反应工程虽然具有较强的理论性，概念也相对抽象，但本质上还是一门工程性的学科。它是以工业规模进行的化学反应和工程问题为研究对象，目的也是服务于工业，实现工业反应过程的优化操作和设计。在处理具体问题方面，采用的也是工程的方法。实际的化工生产过程非常复杂，工程上一般针对实际情况进行合理的简化和理想化，寻找解决问题的关键因素和方法，建立数学模型，然后对其进行修正，用于解决复杂问题。

但是目前很多本科学生缺乏工程实践经验和对工业反应过程直观的感性认识。大部分学生没有见过实际反应器内部结构。很多概念如压力降、边界层、壁效应、轴向和径向扩散、绝热和换热过程以及反应热效应等都与工业反应过程密切相关,但在实验室中往往并不容易观察到,这给学生的学习和理解造成了一定困难。工程硕士在这方面与在校本科生表现出较大不同。他们虽然数学和专业基础知识较弱,但实践经验丰富,对一些与工程相关的内容理解较快。比如讲授为克服多段串联绝热反应器压力降大而采用径向反应器时,他们很快就能接受。

(二)多学科交叉,涉及的基本概念和基本理论多

化学反应工程是一门集数理分析、物理化学、传递过程、化工原理等多学科领域知识交叉形成的专业基础课程。作为一门工程类学科课程,它内容体系复杂、理论性与应用性很强,因而教学难度大。如该课程中对化学反应速率方程的研究是以化学反应动力学为基础;建立反应器操作方程时需要通过质量衡算和热量衡算建立等式,这就涉及传递过程、热力学和化工原理的内容;反应器数学模型的求解需要用到微积分、数理分析和计算机科学的相关知识;非均相催化与催化过程、催化原理密切相关。

(三)理论抽象,影响因素多,计算复杂

化学反应工程课程主要研究工业反应器的设计与操作问题。在工业反应器中,化学反应速率既与反应本身的化学动力学特性有关,又与传递过程中的物理因素(如温度、浓度、压力、流体的流动状态等)密切相关。化学反应动力学反映化学反应自身的特性,与反应器类型和大小无关;而传递过程遵循动量传递、热量传递和质量传递规律,与反应器类型和大小密切相关。反应过程和传递过程各自遵循其自身的规律,同时,两个过程的因素之间又互相影响,且影响关系复杂。因此,针对反应器建立的数学模型多为微分或偏微分的非线性方程组,计算求解比较困难。

(四)课程教学内容包括理论知识与实践总结

化学反应工程既涉及科学理论基础知识,又涵盖工程实践经验总结。化学反应工程课程教学既要使学生掌握反应工程的基本理论,又要培养学生的工程分析能力。而很多学生由于缺乏对真实化工生产过程

和反应设备的了解,往往难以把理论知识和工业实际应用联系起来。

以上特点使该课程的教学难度增加,采用单一的教学方法难以达到很好的教学效果。随着信息技术的飞速发展,计算机在教学中的应用越来越广泛,互联网的发展也为课程教学提供了新的手段。教师可以将这些技术手段有效地应用于化学反应工程课程教学中,有利于学生理解和掌握课程知识。同时,教师在深入理解课程体系的基础上,需要灵活使用不同的教学方法,使之更好地服务于教学内容和教学目标。

二、化工工艺教学的主要特点

化工行业以复杂的工艺与高度自动化的设备联合体为基础,呈现出“生产规模日益增大、投资消耗日益增长、自动化程度日益提高”的发展趋势和行业特性,其生产过程连续不可逆,同时存在高温高压、易燃易爆、有毒有害等高危险性。因此,对学生的现场操作要求较高,对化工工艺流程的认识、化工生产的开停车调试、化工生产的主控指标调控等是化工类学生的基础操控能力。可以看出,化工工艺教学的实践性非常强,安全要求比较高。

化工工艺学作为一门面向化学工程与工艺专业的专业基础课,由三个知识模块、众多知识单元和知识点组成,主要包括:化学工业概貌介绍,与化学工艺相关的基本知识和概念,化工原料资源及其加工利用途径,化工基础原料的典型生产过程,基本有机、无机、高分子、精细等化工分支中的典型反应过程的原理和工艺。这些内容综合应用了数学、物理、化学和物理化学,以及有关工程技术和技术经济的基本原理,来研究和解决化工生产过程中遇到的实际问题。

开设化工工艺学的目的,是希望学生能够了解国内外化学工业发展概况,掌握化工工艺相关的基本概念和设计理念,学会自主地分析化工工艺流程并能结合生产实际宏观把握化工工艺流程的设计,进一步提高综合分析问题和解决问题的能力,在毕业后能更快、更好地胜任化工生产工作。该课程既应用了化学化工类基础课和专业课的基本知识,又起到将理论知识与生产实际紧密结合的桥梁作用。掌握好这门课程,有助于学生毕业后顺利适应实际工业生产中的相关工作。

但该课程涉及的知识面广,需要掌握的知识点多,因此教师要在有限的学时内把所有的教学内容都面面俱到地传授给学生,显然是很难的。这时就需要讲授这门课的教师在有限的教学时间内有选择地把教学内容传授给学生,同时在讲授过程中还要提高学生的参与性。这是对讲授化工工艺学所有教师提出的挑战。

所以,教师在讲课时应本着以下原则,即培养学生的学习兴趣,激发学生的参与性,培养学生的思考和探索精神。学生是整个教学过程中的主体,只有让他们真正参与其中、乐在其中、积极思考、愿意提问,才能有效地获取相关知识,而不仅仅局限在应对考试上,这就需要教师扮演好引路人的角色。

化工工艺学教学内容面广点多,为了能在有限的教学时间内把化工工艺学的主要内容和精髓都传授给学生,在教学内容的设计上就需要教师进行差别化选取。其教学的主要特点有以下几方面。

(一)重点内容生动化,非重点内容精简化

面面俱到,就等于面面不到,何况有限的教学时间也不允许教师面面俱到。因此,教师一定要对重点教学内容的选取进行把控,做到主次分明,使学生能在较短的学习时间内领略到化工工艺学的精髓。

教师应选择具有代表意义的、和日常生活密切相关的、有很好发展前景的、新开发的工艺流程重点讲解。比如讲解加氢反应时,重点介绍甲醇的合成,了解该工艺的现状和发展前景;讲解氧化反应时,重点介绍乙烯环氧化制环氧乙烷的反应等特点鲜明、当前工业需求大的流程;同时通过介绍一些重大的化工工艺过程在国家建设中的重要地位,以及通过巧妙的工艺设计实现变废为宝的工业实例,激发学生学习化工工艺知识的热情,并培养学生积极投身祖国建设的美好情怀。对于一些较为简单的工艺可以作为学生自学内容,以提高学生的自学能力;对于当前还不够成熟但研究热门的一些工艺可以简要介绍,以开拓学生视野,激发他们课下学习的兴趣。教学内容上做到重点内容生动化,非重点内容精简化,能使学生更有效地吸收有用知识,起到事半功倍的作用。

(二)交叉内容提纲化

化工工艺学的教学会经常用到其他学科的知识,比如物理化学中热力学、动力学计算、化工原理中的物料衡算等,而这些知识都是学生已经学过的。教学过程中可以通过提纲交代,或通过提问让学生回忆学过的内容,重点是让学生了解这些学过的知识在工艺设计中起什么作用、为什么用、如何用,而不用长篇累牍地介绍,避免知识的重复性学习。

(三)绿色思想贯穿化

绿色化学工艺过去放在最后一章讲解,随着人们对环境的日益重视,绿色的理念应该深植于每一个化学工作者的思想中,所以在讲授化学工艺学的时候,绿色思想应该贯穿始终,让学生从一开始就有绿色化工的概念。在学习过程中教师要将以人为本、绿色设计、经济节能等理念渗透到每一个具体流程的方案选择和设计环节,使学生在设计化学工艺过程中有经济意识、环境意识、法律意识。并潜移默化地介绍我们国家对此所作的努力,包括相关新催化剂、新工艺的开发、新的能源利用方式等,提高同学们的民族自豪感并愿意积极投身到我国的建设事业中。①

三、化工传递过程教学的主要特点

化工传递过程的主要教学内容为动量、热量与质量传递的基本原理、数学模型、求解方法,重点关注传递速率的理论计算。课程数学推导过程较多,学生课堂接受较难。目前大多高校主要采用课堂讲授为主,学生自学为辅,任课教师采用PPT与板书结合的方式进行授课。教学中以教师的教为中心,上课时学生与教师的互动少,教师平时只能通过作业及课堂表现等了解学生的学习情况,不能详细了解每个学生的知识掌握情况,不能更好地督促学生课下自主学习。

例如:普朗特边界层方程的推导需要用到量阶分析,教师教学中会反复强调量阶是指物理量在整个区域内相对于标准量阶而言的平均水平,不是指该物理量的具体数值;并且强调量阶是相对于标准量阶而言,

①任丽丽,张雪勤. 化工类专业课化学工艺学教学模式探索[J]. 东南大学学报(哲学社会科学版),2020(A2):148.

标准量阶改变,其他物理量的量阶随之改变;量阶分析是保留重要影响项,忽略次要的高阶小项。这样的课堂讲解比较抽象,学生一般较难理解透彻。可以使用类比的方法,向学生说明芝麻与西瓜、大象和蚂蚁的关系,重要影响项是西瓜、大象,次要的高阶小项是芝麻、蚂蚁,这样可以使学生更容易掌握。

第三节 专业延展课目教学的主要特点

一、化工技术经济教学主要特点

(一)综合性

由于化学工业的特点,化工技术经济学所研究的对象往往具有多目标和多因素的现象。这些现象既包含大量化工技术上的问题,也涉及多方面的经济问题。在技术上,它要运用化学、物理、工程以及其他学科的基本知识和理论;在经济上,既要考虑宏观经济的布局和影响,又要注意微观经济的结构。它是应用经济学与化学工业结合的生长点,用现代数学方法将它们联系在一起,构成了一个综合体系,因而使该学科具有较高的综合性。

(二)应用性

化工技术经济学是化工领域里的一门综合应用学科,它的具体任务是对化学工业中的具体问题进行分析和评价,为将要采取的行动提供决策依据。化工技术经济与化工生产密切相关,它的资料数据来源于化工生产实践,而它所得出的结论则直接应用于实践,指导实践过程。作为以研究方法论为主的学科,化工技术经济学所研究的方法广泛地应用于化学工业的各个环节之中。

(三)系统性

任何技术与经济问题都不是孤立的,技术与经济本身具有十分显著的系统性,需要研究影响应用效果的各类因素,包括人力、物力、资金、生态环境以及社会、文化等各方面。研究问题时必须明确重点、分清主次、综合考虑。系统的思维方法是学好技术经济学的必备方法。

（四）定量性

化工技术经济学是一门定量化的学科，它对所研究的问题都具有定量描述的能力。当然，定性分析在各学科中也是必不可少的，化工技术经济学也不例外，在许多分析和评价中也采用了部分定性指标，但这些定性分析是建立在定量计算结果之上的。由于现代数学方法的发展及计算机技术的推广应用，过去一向认为难以定量化的因素现在也逐渐实现了定性分析的定量化。

（五）实践性

化工技术经济学是实践性很强的应用科学。化工技术经济学的实践性主要表现在：化工技术经济学是为适应化工生产实践的需要而产生和发展起来的；化工技术经济学研究的基础资料来源于经济实践；化工技术经济学的研究成果指导和影响着经济实践，并受实践的检验。

（六）预测性和不确定性

化工技术经济学主要是对化学工业中将要实施的技术政策、技术方案或技术措施进行科学论证，是在事件发生之前进行的研究活动。因此，化工技术经济学有很强的预测性。这一方面要求充分收集、掌握必要的信息，尽可能正确地预测事件发展的趋势和前景，避免决策失误；另一方面说明它的研究方式具有一定的近似性与不确定性。所以，只能要求它的研究结果尽可能地接近实际情况，而不可能要求它的研究结果绝对准确地符合实际情况。

（七）社会性

化工技术经济学与经济实践关系密切，在不同的国家和地区，由于社会制度、经济体制、经济发展水平、社会经济结构等方面的差异，其经济实践也有所不同。所以，化工技术经济学必然要受到社会制度和具体国情的影响，化工技术经济分析的基础、出发点、目的和方法都必须与具体的国情、区情相适应，不能照搬照抄国外的做法。另外，化工技术经济学对一些技术问题研究的结论和成果应用于经济实践时必须与一定的条件相适应。由此可见,化工技术经济学具有明显的社会属性。[①]

二、化工环保与安全教学主要特点

新工科是以培养实践能力强、创新能力强、具备国际竞争力的高素质复合型新工科人才为目标,侧重建设工程教育的新理念、学科专业的新结构、人才培养的新模式、教育教学的新质量、分类发展的新体系。在新工科理念引导下,需要对相应的教学范式有一定的创新。化工安全与环保是一门覆盖面广、知识点多、工程实践性强、涉及多学科间的交叉融合的课程。教学内容主要包括化工安全生产技术、化工环境保护技术。向学生传授化工环保与安全保护的基本理论和基本技术,通过课程的学习使学生了解化工环保与安全保护的特点,以及建立有效的化工环保与安全保护机制的重要性和必要性,掌握防火、防爆、防尘毒等化工安全技术,废水、废气、废渣等化工污染控制技术,树立环保与安全意识,能辨识重要的事故隐患、危险源、污染源,评价并提出相应的对策措施,预防伤亡事故、污染事件和经济损失的发生。

①李庆东,林莉,李琦. 化工技术经济学[M]. 东营:中国石油大学出版社,2018.

第四章 化学工程与工艺专业教学的主要方法和注意事项

化学工业与我国各类企业的生产有着较为密切的关联性,尤其与一些对我国经济起到支柱性作用及近些年来快速发展的高新技术产业之间有着紧密的联系。而随着科技的不断发展,化学工程与工艺专业知识与越来越多的行业之间有了紧密的联系。科系范围的扩大以及社会需求的转变,致使人们开始重新审视原有的教学方式,以扩大教学的视野,加大教学的深度、广度,更好地与实际相结合。进而相关的专家指出,在当代,化学工程教学应与工艺教学相结合,向着多样化、多元化的教学方式发展。

化学工程与工艺专业教学可采用多样的教学方式,也可将案例等引入教学之中,同时强化教学之中的互动,来进一步启发学生的思维,让学生对化学有更为深入的认识,进而主动的进行学习实践,真正掌握知识,在未来可灵活、高效的应用。

此外,高校应对以往的教学模式进行重新审视,在学生的培养上可借鉴研究型的教学方式。由于学生的专业能力有限,在学生最初参与化学研究时,可将科研的案例引入课堂教学中,以提升学生对于各化学基础学科理论知识的学习认知度,使其明白科研的进行是在熟练高效地掌握了各类基础知识后才能进行的。在学生熟练掌握理论知识基础后,可进行工艺教学,从而提升学生的化学实践能力。

值得注意的是,科研的案例要及时进行更新,以保证教学的适实性。例如,在提倡环保的当代,绿色化学的研究课题较为符合时下的需求。因而可将这一课题研究引入教学中,并根据学生专业知识的掌握情况、化学实践的能力,有选择地让其参与到适合的研究环节。这样的一种教学方式,不仅提升了学生的学习兴趣,还加深了化学工程与工艺教学的结合，给予了学生专业学习和实践的锻炼机会，这对学生化学专业能力的培养起着促进作用。

化学工程与工艺教学相结合的教学方式，是对传统化学教学方式的一种完善与创新。在这样的一种教学方式下，学生的专业理论知识掌握得会更加扎实、全面，同时也极大地锻炼了学生的化学实践能力，提升了学生的整体素养，使其成为一个全面型的高素质化工人才。不仅如此，从一定程度上而言，这种全面性的高素质化工人才，更符合当代社会的需要，对于社会经济的发展也将起到推动作用。

第一节 基础原理课目教学的主要方法和注意事项

一、无机化学

（一）无机化学理论

在现代教育改革不断深入的背景下，无机化学的教学课时数不断减少，在更加紧凑的时间内，如果依旧采用传统的教学方法，必然会引发较多的问题。所以，教师必须要寻找出解决问题的办法，在符合大纲要求的前提下，依照自身的教学经验，结合当代大学生的学习特征与习惯，逐步完善和优化理论知识与实验教学部分，形成具有特色的教学体系。依照各个专业的特征，采取差异化的教学方法，进而确保选取的教学方法能够更好地满足该专业的教学需求。进一步优化内容层次差别较大的课程，保证教学活动开展的科学性。依托于系统的教学，一方面能够帮助学生理解和掌握基础性知识与相关概念，另一方面也能够引导学生形成正确的探究方法，为后续内容的学习提供帮助。

为加强推动化学领域发展，培养出满足社会发展所需的化学人才，需要在化学教学实践中，注重无机化学理论在有机化学中的有效应用，通过采取有针对性的措施，推动学生对无机化学理论的学习、研究和应用，以此提高学生的化学学习效率与质量，实现培养全面发展化学人才的教学目的。以下介绍无机化学理论主要和前沿的教学方法。

1. 创新化学教学理念模式

为提高教学有效性,实现学生自主探究能力的培养与提升,需要引导学生形成自主学习意识。在实际教学过程中,教师应创新化学教学理念和教学模式,并在教学实践中,探索符合现代化学教学、现代化学人才培养需求的教学机制,以优化化学教学,为教学效率与质量的提升及学生能力的提升与发展奠定基础。

在创新化学教学理念与教学模式下,教师可以将无机化学理论知识作为教学重点,让学生在充分地学习和探究中,更深入地了解和掌握无机化学理论知识,从而夯实基础知识,为有机化学知识的学习、无机化学理论知识的有效应用作出保障。同时,教师要引导学生对有机化学知识进行全面的了解和掌握:一方面,有助于学生找到无机化学理论与有机化学之间的“共通性”,进而加强学生对化学的学习和研究;另一方面,有助于提高学生学习的积极性,对学生自主学习能力和创新能力的培养与提升起到推动作用。

当前,信息技术在教育教学领域中的应用不断深入,教师可以充分结合信息技术,调动学生学习主动性,促使学生在丰富的教学内容中,感受到化学学科的魅力。在实际应用中,教师可以通过多媒体向学生播放化学基础知识、化学历史文化等内容,让学生在视听感受中提高对化学的认识。同时,教师可以将无机化学理论制作成知识结构课件或视频,帮助学生建立系统的知识体系,从而促进学生将无机化学理论应用到有机化学中,实现无机化学与有机化学的有效互动学习。

2. 合理应用无机化学理论

学生化学学科素养和综合能力的提升,需要建立在较扎实的基础知识和较强的能力之上。而基础知识大多为无机化学理论知识,无机化学理论知识大多是学习无机化学和有机化学的基础。因此,教师要在有机化学的教学过程中,加强学生对无机化学理论知识的应用,以实现他们对有机化学的有效学习。

首先,教师应对无机化学理论知识进行整理和提炼,采用自主学习、多媒体教学、理论教学相结合的方式进行教学，促使学生对理论知识进行深入的学习和掌握。其次，教师可以结合实验教学，让学生在做实验过程中有更直观的感受，进而加深学生的学习印象。最后，教师要引导和指导学生合理应用无机化学理论，在日常教学和实验教学等过程中，渗透无机化学理论知识，使学生在充分掌握理论知识的基础上，实现有机化学的高效学习。

除此之外，教师可以开展无机化学理论知识竞赛和无机化学理论在有机化学中应用的比赛，以此激发学生的学习主动性和积极性，实现学生对无机化学、有机化学的深度学习，全面提升学生的化学素养与综合能力水平。

3.“互联网+”在无机化学理论教学中的应用

(1)优化理论教学内容，依托互联网平台解决授课课时紧缺的问题。根据无机化学课程授课时间短、课程内容繁杂的现象，经过对无机化学指定教材和相关后续专业课程教材的内容依次进行深入剖析后发现，无机化学教材包含“分析化学”的化学平衡内容，还有“物理化学”的化学热力学、反应动力学及电化学内容。因此，该部分内容可以进行一定程度的删减，着重讲解相关参数的意义及应用，有关公式的推导则留在物理化学和分析化学课程中学习。此外，考虑到无机化学的授课对象是大一新生，部分课程内容与中学化学联系非常紧密，很多元素部分的内容在中学已经学过，如碱金属、碱土金属、氧族和卤素等元素及其化合物的性质和用途，该部分可以鼓励学生借助于“互联网+”平台(如慕课、微课等)进行自学，老师在学生线上自学的基础上补充适当的规律性结论。一方面解决了学时少的矛盾，另一方面可以培养学生的自主学习能力。通过教学内容的优化，最终确定各章节的讲授重点、难点，使教师讲课有明确的教学目标，防止出现教学内容在深度、广度及要求上因教师而异的现象，保证教学质量的整体提高。

(2)利用互联网平台互动模块，采用“参与式”教学。打破传统“填鸭式”教学，采用“参与式”教学。利用互联网社交软件建立师生互动平台，在无机化学每一章的理论教学前，为学生制定自学大纲，在理论课堂中进行自学情况的提问和指导，师生共同探讨，激起学生的求知欲。

在无机化学教学内容中，存在许多抽象的、难以理解的知识点，若利用图片、视频等方式呈现出来，能够很好地解决传统板书描述不清晰的问题。例如，在讲解电子云分布图、杂化轨道形状等方面的知识点时，能够依托于多媒体将抽象的内容转化为形象的立体三维模型，帮助学生更好地理解知识点，促进学生对知识的吸收，有效强化学生的学习能力。

此外，老师还可以充分发挥互联网教育资源优势，选取合适的教育资源推送到教育平台上，供学生自主学习，提高学生的学习效率，也能够充分利用学生的碎片化时间，让学生在任意时间和地点开展学习活动。高等院校要利用好自身的校内网，构建无机化学互联网数据库，学生通过局域网就能够自主开展学习活动，可以打破时间与空间的限制，使得无机化学课程获得更好的教学效果。

(3)借助计算化学模拟软件，改善教学方法及教学手段。传统的无机化学教学改革与多媒体手段的使用大体相似，如传统晶体结构教学仍然沿用木质晶体结构模型讲解相关晶体构型。实际上，很多仿真模拟软件在无机化学的分子结构、原子结构章节的讲解中具有多重优势。例如，利用可视化晶体结构软件可以较好地观察晶体构型，可调整任意角度来观察晶体结构。除此之外，教师还可以通过第二课堂以工作坊的教学方式使用上述软件，不但方便学生利用业余时间自学和巩固复习，还为提高学生的创新能力、培养发散思维奠定基础。①

4. 重视与学生的互动交流

在开展无机化学教学过程中，教师应当重视与学生的沟通交流，树立以学生为中心的教学理念，不断提高学生参与课堂教学的积极性，而教师则需要加强对学生的辅助和引导。具体来说，教师应当从以下几个方面进行教学：第一，在进行每个章节内容教学前，教师要依照学生对知识的掌握情况，选取与之相匹配的知识内容，完成教学大纲，让学生在课前进行自主预习；第二，教师在开展课堂教学过程中，要依照学生的预习

①杨怡萌．“互联网+”背景下无机化学理论及实验教学改革研究[J]．广东化工，2019(23):125.

状况，对学生普遍存在的问题、重难点知识等进行深入讲解，同时在教学过程中巧妙地设置问题，让学生围绕问题进行探讨，这既能加深学生对知识的理解，也能够激发学生的探索欲望；第三，在每章节内容知识教学完成之后，教师要带领学生对整章内容进行重新梳理和归纳，进一步加强学生对知识的理解和掌握，为学生的期末考试复习提前做好准备。依托于这种模式，更好地提高学生的学习积极性，帮助学生养成良好的自学意识与能力，促使学生能够得到个性化发展，强化学生的综合素养，保障学生能够更好地掌握无机化学知识。

5. 重视理论与实际的紧密结合

在开展无机化学教学过程中，针对不同的教学内容，教师需要制定出不同的教学目标。比如在开展物质结构以及化学原理等方面的教学时，需要特别注意学生对元素化学知识的掌握；在进行公式推导方面的教学时，往往要弱化理论知识，防止学生死记硬背，重点培养学生的应用水平。

此外，在实际开展教学时，还需要加强理论知识与实际的关联性，引导学生留意生活与生产中应用到的无机化学知识。与此同时，教师在进行无机化学课本知识内容传授的基础上，也要积极将当代无机化学领域的新工艺、新方法引入课堂教学中，为学生分析当代无机化学发展中面临的困境，并让学生依照自己的意愿选取研究主题，保证研究内容与学生兴趣相一致，并倡导学生进行论文品质评估，同时将优秀的论文作品在班级中展示，为其他同学提供借鉴。

最后，针对现阶段高等院校无机化学教学知识更新速度缓慢的问题，教师在实际开展教学过程中，可以将自身的经验与知识点结合起来，对相关学科的知识点进行拓展。

6. 优化课程内容，突出重点

无机化学课程的学时较为紧张，在课堂上通常无法详细地讲解全部的教材内容，这就需要授课教师有计划地删减知识点，优化课程内容。比如，氧族元素和卤素的相关知识在高中接触较多，理解起来也比较容易，其中和高中知识衔接比较紧密的部分就可以通过自学的形式完成。

另外，无机化学教材中一般也穿插该着一些与章节相关的背景知识及实际应用的内容。如大连理工大学无机化学教研室编写的《无机化学》分别在化学反应动力学和氧化还原章节补充介绍了化学动力学在考古中的应用、化学电源实例等知识。通常此类知识也应归为自学内容。这样既能使学生将理论知识与实际联系起来提高学习兴趣，又能节约出更多时间给教师用于重难点知识的讲解和实践教学。

7. 采取互动式教学，引发兴趣

课堂教学中学生是主体，无机化学课程也不例外。因此，教师在教学中要充分发挥学生的主观能动性，产生良性互动。其中，在课堂上给学生设置问题就是很好的方式。比如，讲到电化学电池这一节时，先向学生提出问题：电池为什么能发电？电池发出的电能是由什么能量转化而来的？这时，学生便会思考电池发电的原理是什么？就是由化学能转化为电能。教师便可自然地引出原电池的概念。再如，涉及高中知识时，教师可以先请学生回答高中时所学内容是什么，再详细地讲解大学将要学习的新知识以及它们之间的异同点。总之，教师在课堂教学中应采用多种教学方法，充分发挥互动式教学的优势，提高学生的学习兴趣。

8. 引入科学前沿，增加深度

无机化学既是一门专业基础课，也是很多化学课程的基础。同时，化学是一门典型的交叉学科，与材料、医药、环保等专业都有紧密的衔接。因此，在现代科学前沿领域，化学知识无疑扮演着很重要的角色，而授课教师就要把这些相关的科学前沿知识渗透到无机化学的教学中。比如，材料科学是当前科学研究的前沿领域之一，而现今几种新型无机材料都与p区元素中的硼族、碳族元素有关。在讲解这部分内容时，就可以将氮化硅陶瓷材料、砷化镓半导体材料、氧化锡气敏材料等的性质、特点和重要应用阐述一下。这样既能扩大学生学习无机化学的广度，又能加深学生对无机化学基础理论的理解和掌握。

总而言之，无机化学是大学重要的化学基础课之一。因此，教师在教学过程中，要抛弃陈旧的教学思想，充分利用课程特点，加强对无机化学教学方法和教学手段的改革，积极调动学生的自主性，提高学生各方面的能力和素质。这不仅对于培养学生养成良好学习习惯具有重大意义,也有利于教师建立先进教学理念、探索新型教学模式,实现教与学的完美结合。

无机化学理论教学的注意事项主要包括以下方面。

一是对教学过程进行合理优化。在对高校学生进行教学时,要将教学内容与教学方法进行合理的规划与设计。由于高校学生在校园中生活时,需要将一部分时间与精力投入校园活动中,这导致其学习时间会相应减少,这也使高校中课堂教学的重要性得以凸显。

因此,为了使学生能在课堂教学时间内充分理解教师所教授的内容,教师需要对课堂教学的教学过程进行合理有效的优化,这一点十分重要。首先,相关课程的任课教师要加大对学生学习情况的关注度,以便能够实时了解学生对于相关重难点知识的掌握程度,从而在课堂教学时,能够对学生普遍掌握不到位的知识进行有针对性的讲解。同时,教师所规划的一课时教学内容应该与学生对知识的掌握量相匹配,使课堂教学的质量与效率都得到有效提升。其次,促进任课教师之间的交流与探讨,从而使教学资源共享化,使整体教学水平得到有效改善。最后,相关任课教师需要在课堂教学时,针对不同批次学生的不同特点,分别设计出合理恰当的教学方法,并在教学课堂中合理引入多媒体教学设备,从而加深学生对于相关知识点的印象,同时还可以使学生对于无机化学学习的兴趣与热情得到有效培养与激发。

二是对知识讲解方法进行适度丰富。众所周知,教师的主要工作内容是对知识进行表述,为学生讲解相关教学内容。因此,教师对教学内容的表述形式会直接影响到教学质量与教学效果。如果无机化学课程的任课教师对于知识的讲解生动形象、热情洋溢,那么其激昂的情绪会使课堂气氛呈现出活跃的状态,给学生带来很大的正面影响,使学生对于无机化学学习的热情得到有效的激发,进而使教学质量得到有效提高,使教学效果得到显著改善。这一点对于刚步入大学校门的大一新生来说,显得尤为重要。由于大一新生刚从高中时期的学习转换到大学时期的学习,所学习课程的专业程度与难度都有大幅度提升,所以较难适应。此时教师对学生所运用的教学方法,将直接影响学生在日后大学生活中对于自身学习态度的树立。因此,教师要在课堂教学中以自己的热情带动学生的积极情绪,并在恰当的时候,合理组织学生针对相关教学内容与疑问进行探讨,互相答疑解惑,这在促进学生之间良好交往的同时,有助于学生在探讨过程中透彻地理解与熟练地掌握相关教学知识,从而达到预期的教学效果。

三是建立知识体系。无机化学课程的教学内容繁多又复杂,致使学生在学习该课程时遇到困难,进而导致学生在面对过多难以理解的知识点时,极易产生焦躁情绪,使学生最初对于无机化学学习的热情逐渐消失殆尽。因此,相关教师在对无机化学教学内容进行讲解之前,首先要让学生明白,无机化学并不是使所有化学相关问题得以开解的万能钥匙,要让学生了解到,学习无机化学的主要目的是为日后的专业课程奠定一定的思维基础与化学基础。因此,在面对较为深奥的无机化学相关问题时,自然不必深究不放,从而使学生对于学习无机化学的信心得到有效维持与保障。与此同时,教师还要将无机化学与学生所需要学习的专业课程之间的关系进行有效梳理,使学生建立起所学课程的知识体系。所以,在无机化学课程的教学之初,教师应适当利用课堂时间将无机化学课程的知识构架及其重要性向学生进行展示,并使学生对无机化学教学的当前教学任务有基本的认知与了解,从而使学生能够对无机化学的学习目标进行较为准确的定位。教师可以将学生当前阶段无法透彻理解的教学内容与知识点进行细致归纳与系统整合,并在教学过程中先对其进行简单的介绍,在后续教学时再对其进行详细讲解。此外,在对无机化学知识体系进行构建时,也要对学生高中时期所学习的化学知识进行适当回顾和有效联结,使学生对于无机化学的理解建立在高中所学的基本化学知识之上,将无机化学的知识内容视为高中时期化学知识的扩展与延伸,从而使其对于无机化学的难度更容易接受与适应。

四是对学生的自主学习能力进行有效培养。首先,若想使学生在大学阶段的学习得到有效保障,就必须对其自主学习能力进行有效培养,从而使其学习时间不再局限于课堂教学时间。学生是教学活动过程中的主体,要充分发挥他们的自学能力。在高中阶段,学生是在老师和家长的监督下学习,这使得他们普遍习惯于被动学习;而大学的学习环境相对宽松,学生很容易缺乏学习主动性。而无机化学课程的内容多、教学课时少,课堂容量较大,需要学生做好课前预习。因此,教师可以在每次课程结束前,给学生留下几个关于下节课内容的问题,让学生带着问题对新课进行预习,这比让学生盲目地看书预习效果要好得多。高校学生的自主学习能力得到有效培养的前提,是使其对知识的归纳与整合能力得到有效提升与充分发挥,也就是说,使其科学的思维方式得到有效培养。例如,教师在对化学分子结构进行讲解时,要使学生对于化学键的了解更加透彻,进而引导学生对分子结构相关内容进行较为深刻的思考。在学生对专业知识学习的过程中,教师应当培养其分析与解决问题的能力,使学生在面对不同问题时,能够熟练地运用自己的科学思维进行分析,而后结合所学的相关知识,通过合理妥当的方式解决问题。其次,教师应当在无机化学的教学过程中,结合所教授课程的相关内容,对学生的学习方法进行适当、合理的引导。在无机化学教学过程中,教师应当针对其内容繁杂的特点,将相关的知识点进行合理串联,使知识点之间始终保持着较为紧密的联系,并且对重要的知识点进行多次、详尽的讲解,以确保学生对其的理解足够透彻,使学生对于无机化学的相关知识不是死学硬背,而是学习分析与解决问题的思路,能在面对不同问题时,自行进行分析与处理。最后,教师在对较为抽象的无机化学理论进行讲解时,要尽量通过合理的教学手段,使其具象,将原本复杂的理论知识变得更简单,从而使学生对化学理论知识的理解更加立体而生动,对相关知识点的印象更加深刻,在解决与处理问题的过程中,有效提升自主学习能力,并为以后的专业课学习奠定良好的理论基础。

五是教学内容注重学科的历史、发展和思维方式。作为化学类专业的学生,应了解化学的思维方式、发展历史、学科前沿和发展趋势,这也是学生培养目标的要求之一。因此,教师除了在课程绪论中专门举例分析化学的思维方式,讲授无机化学的历史、发展现状和未来发展的可能方向外,还应经常在课程教学中结合基本内容引入化学史、科研小故事等,介绍无机化学重大里程碑的成果,抽丝剥茧,把化学是如何分析问题、解决问题的思维方式传递给学生。

六是教学内容注重融入学科交叉内容。随着科学技术的不断进步和研究领域的不断细化,学科之间的交叉与融合是一大发展趋势。我们结合元素化学的教学,将当今社会最为关注的环境、能源、材料、生命等热点问题融入其中,如大气与水体污染问题、重金属离子污染的化学治理、储氢材料、锂离子电池、燃料电池等,使学生树立安全意识、环保意识,建立可持续发展理念。

七是教学内容注重融入课程思政。"培养什么人、怎样培养人、为谁培养人"是教育的核心问题。为此,我们在讲授知识的同时,还要将"思政育人"与专业教育有机融合,寓价值观引导于知识传授之中,把"盐"溶在"汤"里,让专业课成为铸魂育人的课堂。例如,通过卢嘉锡、蔡启瑞先生以国家之需作为自己的奋斗目标,研究固氮酶的故事,讲述老一辈科学家的高尚人格和鞠躬尽瘁的报国情怀。

(二)无机化学实验

1. 利用互联网平台互动模块,使实验教学更加生动有趣

针对同时涉及实验教学的章节,通过互联网平台将实验课程涉及的基础操作部分的演示视频发给学生进行提前预习,并在平台构建测评环节,针对视频中的操作要点进行设疑,要求学生主动思考并加以解释。在实验课程开始时,教师再次带领学生共同进行讨论和分析,培养学生做实验的兴趣。这样一来,学生对于关键操作的注意事项就会有更深的印象,在实际操作中也会更加严谨。

2. 增设网络实验教学模块,解决实验内容与理论授课脱节的问题

目前,很多学校的无机化学实验课程存在内容与理论授课内容不符、综合性与设计性实验较少等问题,追其原因主要是实验室条件有限,很多实验课程开设困难。在"互联网+"的背景下,通过增设网络实验教学模块,开展现有实验条件或仪器设备不能实现的实验项目的线上讲解,一方面可以提高实验项目的趣味性、全面性,另一方面可以培养学生在信息技术条件下自主探究的能力,同时增加学生与教师、学生与学生

之间的互动交流。

3. 学生做好实验预习，提高实验教学质量

实验教学由实验预习、实验操作和实验报告组成。实验预习是学生在开展实验前，对实验的内容、操作步骤、仪器和试剂进行了解，从而对实验有整体的认识。同时，在预习过程中，学生会遇到一些疑问，可以在实验中寻找答案，这样有利于提高教学质量，激发学生学习兴趣，培养学生的自主学习能力。因此，教师可以通过检查实验报告、提问等形式，检查学生的预习情况，从而提高学生分析问题、解决问题的能力。

4. 优化实验教学内容，提高实验教学质量

无机化学实验对于培养学生的实验基本操作能力、独立分析问题和解决问题的能力至关重要，同时也为后续实验课程打下基础。无机化学中的实验内容较多，应结合学校的实际情况，对传统的实验内容进行优化调整，选择具有代表性、毒性小的实验，同时增加综合性、设计性的实验，学生根据现有的实验条件，设计出合理可行的方案。在设计方案的过程中，学生的综合运用知识的能力以及创新能力会进一步得到提升。优化实验教学内容不仅有利于学生对知识点和基本操作的掌握，还有利于培养学生独立思考问题、分析问题和解决问题的能力，从而提高实验教学质量。

5. 突出学生的主体性，提高实验教学质量

传统实验教学形式单一，以“先讲后做”的模式进行，这种教学形式与理论课教学类似，使得学生在整个实验过程中处于被动状态，教学效果较差，无法激发学生对实验的学习兴趣。针对这种情况，应将“以学生为主体，教师为辅”的新理念应用在实验教学中。在整个实验教学过程中以学生为主，教师只起到辅助和监督的作用，充分调动学生的学习积极性，激发学生的学习兴趣。例如，容量瓶的使用实验，让学生提前预习实验内容，在做实验前，以提问的形式让学生简单地介绍仪器的使用、操作步骤和使用过程中的注意事项。在学生回答的过程中，教师可以了解学生的预习情况和知识的掌握情况，及时纠正学生的错误回答，同时对于重难点的知识进行强调和补充。这种以学生为主体的教学模式，有利

于培养学生独立思考问题、分析问题和解决问题的能力，从而提高实验教学质量。

6. 加强实验的规范性，提高教学质量

完成实验的前提是基本操作是否正确与规范。除了需要学生做好提前预习准备以外，还需要教师准备的在实验教学过程中将仪器的基本操作和实验的步骤进行讲解与示范，强调操作过程中的注意事项。规范基本实验操作对实验教学十分重要。教师首先应严格按照实验的规范操作要求学生，让学生牢记实验的注意事项，为后续的实验奠定坚实的基础；其次，要求学生实事求是，不得随意更改实验数据，培养学生科学严谨的工作态度；最后，由于实验报告是检验实验教学质量的重要依据，所以教师应要求学生独立完成实验报告，并规范实验报告的书写，将实验数据进行处理，分析实验失败或实验结果异常的原因，这有利于提高学生独立思考问题、分析问题和解决问题的能力。

7. 改进实验考试方法，提高教学质量

实验考试是科学的检验实验教学质量的有效手段，不仅可以检验学生对知识点的掌握情况和对实验基本操作的熟练情况，还可以督促学生重视实验。无机化学实验是无机化学的重要部分，由于传统的实验考试只是由平时成绩和实验课出勤率组成，导致出现学生不够重视实验、实验基本操作不规范的现象。因此，必须建立一个符合教材且适用于学生的合理的考核方法，从而客观公平地评价学生的实验成绩。实验成绩不仅包括平时成绩和实验课出勤率，还应包括实验考试成绩，其中实验考试成绩比重占最大。这样的实验考试方法更加科学，不仅可以使学生重视平时的实验基本操作，还可以提高学生的综合素养，从而提高无机化学实验教学的质量。

无机化学实验对化工类学生的全面发展和素质培养起到促进作用，而传统的实验教学已经跟不上时代的步伐。因此，无机化学实验教学需要不断进行改革，从而提高学生的实验操作能力，以及独立思考问题、分析问题和解决问题的能力，提高无机化学实验教学的质量，为社会培养优质的人才。

8. 树立绿色化学的教学理念

绿色化学是指用化学原理、技术、方法减少或消除威胁人类健康、安全、生态环境的有害物质的使用和产生的科学。高校无机化学实验教学中常会涉及酸类、碱类、易燃品、腐蚀品等危险化学试剂，实验后会产生相应的化学废液，而学生在实验过程中的安全意识比较淡薄。可以从以下方面对课程进行改进。

一是学生正式进入实验室做实验之前，需接受实验室安全教育培训，实行安全准入制度，安全知识考核达标后才允许进入实验室。

二是对于涉及危险化学品的实验，首先应该考虑用安全绿色的化学试剂替代，无法找到合适替代试剂的实验可以采取“微型实验”的模式进行，微型化学实验通过使用尽可能少的试剂量得到准确、明显的实验现象，具有安全系数高、操作简单、环境污染小的特点。对于具有较高危险性的实验，也可以采用慕课平台或虚拟仿真实验教学平台进行教学。学生通过观看、学习慕课资源，或在虚拟仿真实验平台进行模拟实验操作，既保证安全，又能在无法进入实验室操作实验的情况下体验到直观、生动的实验现象。

三是实验结束后应将废液进行分类回收，严禁直接倒入下水道，实验室应设立废液暂存区，并定期与具有资质的废液处理公司联系进行回收处理。

9. 创新实验项目

目前，无机化学实验在实验项目的选取上存在与课本理论联系不紧密、各个实验项目之间理论串联性不强且原理重叠、实验项目与生活实际缺乏联系等问题。这对以上问题，可以从以下方面进行改进。

一是加强与课本理论知识的联系，筛选实验项目时应优先参考无机化学教学大纲，使实验内容尽可能地覆盖课本知识。

二是优选与实际生活联系紧密的实验项目，这在教学过程中更容易激发学生的学习兴趣，同时能将课本知识更好地应用到实际问题的解决当中；筛选实验项目时，应尤其注意各个实验的原理部分，防止存在知识重叠的情况，应善于发掘各实验之间的联系，设计串联实验，有利于帮助学生将知识融会贯通。

三是适当增加综合设计类实验，不能仅仅局限于参照教材“按部就班”地完成实验，实验设计应善于启发学生，激发学生的创新能力，通过不同的设计和不一样的实验现象，让学生在独立思考和相互学习的过程中不断取得进步。

无机化学实验教学的注意事项主要包括以下方面。

一是问题导向实验教学。围绕问题出发点，设计具体情境，从提出疑问、分析可能遇到的困难、解决困难、归纳总结四部分启发学生思考、主动探究，激发学生的创造性思维。充分调动学生的热情，让学生在课前根据学习目标提出疑问，查阅资料，写好预习报告；上课时鼓励学生自由表达、质疑、探究、讨论，引导学生解决实验中遇到的各种困难，让学生在观察实验操作和交流讨论过程中，形成全面分析问题的能力。这一过程有助于学生独立思考，拓展思路，激发创造性思维，学会终生学习。在预习部分，教师应让学生在实验前熟悉预习内容，依据注意事项、关键实验操作、基本化学原理，预习并发现疑难问题。要求学生上实验课前完成预习报告，教师批改预习报告时可掌握学生的预习情况。在讲授部分，教师应围绕实验目的、采取的实验方法和基本化学原理，突出注意事项，讲解实验过程中的关键操作，分析实验过程中可能遇到的具体情况，使学生懂得每步实验操作的因果关系。在操作部分，教师应及时发现和纠正学生实验操作过程中的错误动作，让学生具体对照每一步实验细节，规范操作。通过进行多次对比操作，养成学生动手习惯，强化其实验操作技能，保证实验教学质量。在总结部分，教师应整理和分析实验数据，归纳实验过程中遇到的问题，并总结共性问题，分析化学基本理论和化学实验的内在联系，将理论知识和实验操作有机结合。

二是培养良好的实验习惯。化学家卢嘉锡先生认为，化学科研工作者在实验中需要养成清洁的习惯，具备清晰的思维，以及灵活的实验操作技能。做实验前，实验仪器要清洁，实验台面应干净；随后要有计划、有条理地开展实验。在实验教学中，实验药品要放到指定位置，试剂应统一归类摆放。做完实验后，药品归位，清洗仪器，清洁实验台。作为大学化学实验的第一门实验课程,无机化学实验对于培养学生形成良好的实验习惯具有重要作用。教师首先要讲解要点,解释操作规范性的原因,并且与错误的操作进行对比;然后示范操作,让学生进行模仿、练习,并检查和评析学生的操作,进行现场纠正;最后让学生反复练习规范的操作,把动作固定下来,帮助学生养成良好的实验习惯。学生需要动手实践,掌握好操作的具体细节。经过反复训练实验操作,操作才能规范、准确、快速,同时养成良好的实验习惯。

三是撰写实验报告。实验报告分为三种类型:化学测定实验报告、化学制备实验报告和物质性质实验报告。以物质性质实验报告为例,物质性质实验需要学生掌握化学基本知识,在实验教学过程中有目的地观察和思考实验现象,科学分析实验现象与预期的实验结果,最终形成实验报告,验证化学基本知识。比如两性氢氧化锌酸性实验中,向含锌离子的溶液滴加氢氧化钠溶液,先产生白色沉淀,接着沉淀逐渐溶解,最后变成无色溶液。如果快速向含锌离子的溶液加入过量的氢氧化钠溶液,则观察不到溶液发生明显变化,会错误认为锌离子与氢氧化钠溶液不反应。依据两性氢氧化物的基本知识可知,碱性越强,未必有利于氢氧化物沉淀。两性氢氧化物沉淀在一定pH范围内存在,可以根据两性氢氧化物沉淀的pH范围,分离不同金属离子。又如,在检验三价铬离子的实验中,在碱性条件下,过氧化氢氧化三价铬离子成铬酸根;铬酸根在浓硝酸中转化为过氧化铬,过氧化铬在乙醚中显示深蓝色。然而在实验中常常没出现蓝色实验现象。这有两个可能的原因:一是没有出现分层乙醚层,水溶液了大大过量,乙醚微溶于水,水溶解少量乙醚,没有出现分层;二是乙醚层无色或颜色很浅,过氧化铬的形成既要酸性介质,又要过氧化氢的参与。前面步骤过氧化氢量加入不足,在氧化三价铬离子时已经用完,无法形成过氧化铬。只要再加入过氧化氢,乙醚层会迅速出现蓝色。学生需要养成积极思考的习惯,科学分析实验结果,系统总结归纳化学知识。性质实验中,影响化学反应的几个关键要点:反应物之间物质的量、浓度、温度、pH,以及试剂加入顺序。对于不符合预期结果的实验,要鼓励学生科学分析实验失败原因,采取积极补救措施,改进实验方案。

二、有机化学

(一)有机化学理论

1. 学习先进技术,优化教学内容,使二者完美结合

有机化学是化学学科的一个重要分支,是高校化工类专业的基础课。有机化学课程内容繁多,但是随着近几年教学改革的不断进行,教学学时不断压缩,尤其是专科有机化学理论课在必须、够用的原则下,大幅度删减了教学内容,使得有机化学知识的完整性、系统性下降。在实际教学中,这样的矛盾还有很多,比如很多反应机理像亲电加成、亲核加成等都比较抽象,教学时学生普遍反映难以理解。这些类似问题现在可以通过技术手段加以解决。教师可以把有机化学所有内容的完整讲解做成视频,放到在线平台,以供学生随时学习。关于反应机理,可以充分利用多媒体技术,做成形象直观的动画,便于学生理解学习。教师应该学习、掌握一些先进的技术手段作为教学工具,为教学内容服务,和教学内容完美结合。

2. 重视课堂教学,增强课堂魅力

在“互联网+教育”时代获取知识非常容易,学生可以随时随地,不受时间、地域的约束而获取知识,课堂教学看起来似乎可有可无。但是我们说的教学目标不仅仅是传授知识,还包括能力目标、情感目标等。教师应该重视课堂教学,提高课堂教学的魅力,增加课堂教学的吸引力。课堂教学的模式、方法也应该结合教学内容变得丰富多样,比如,翻转课堂、案例教学、项目教学等,都应该在实际教学中进行尝试。教师不仅要研究教什么、怎么教,还要研究怎么管。由于部分大学生学习还是以被动形式为主,缺乏主动学习的意识,所以,课堂管理在完成教学目标、提高教学效率等方面都非常重要。然而在课堂管理方面,很多教师的重视程度还不足。如果教师只一味地讲课,不去管理,课堂教学效率会大打折扣。当前,大学教育还是以传统的教学方式为主,在线教育为辅。依据教学的本质,挖掘课堂教学的优越性,让学生真正回归到传统的教室,

是教师当前非常重要的任务。

3. 把握教材时要做到"熟""度""新"

教师要有目的、有计划、保质保量地完成教学任务,就必须在教学内容上下功夫。其中,教材是教学的基础,教师是教材与学生之间的中介,作为教师必须要深研教材、广泛参阅相关教参,做到"熟""度""新"。

所谓"熟",不是对教材背得滚瓜烂熟,而是要明确哪些内容属于基本要求、哪些属于重难点、哪些知识点在后续章节和后续课程中还要应用等。同时在把教材吃透的基础上,要将教材内容转化为按自己的思路写成的教案,再把教案转变成教师自己的语言。这样,教师上课就会游刃有余,而不是照本宣科。

所谓"度",就是要张弛有度,准确地把握知识的深度、广度和难度,同时还要考虑学生的认知能力。大一学生尚处于高中阶段向大学阶段思维方式的转换期,因此在教学中,凡是重难点和理论上比较晦涩难解之处,除了用浅显易懂的例子说明外,教师讲授后还应设问,让学生思考,并要求学生进行阐述。这样学生的思维就能被调动起来,进入积极的思考和学习状态,从而达到教和学的双边效果。如果学生表达有困难,说明对相关知识点的理解、掌握不到位,此时教师再进行针对性的补充和讲解。

所谓"新",就是不要单纯立足于教材内容,哪怕是最新的教材也不可能及时跟上理论和实践本身的发展。因此教师在完成教学任务的同时,有必要对一些知识点进行扩充,既能满足学生的求知欲,又能让学生真切地感受到本学科不断有新发展、新应用。

4. 适度的师生换位教学

教师、学生和教学内容是教学过程的三要素,从矛盾的主次方面来看,教师是矛盾的主要方面;从事物发展的内外因辩证关系来看,学生是掌握知识的内因;而教学内容则是教师和学生共同作用的对象。可见课堂教学效果的提高,既需要教师的主观努力,更需学生的积极参与。教师讲,学生听,"满堂灌",这种模式极不利于教师及时了解学生的学习动态,虽有课后作业,但不足以反映学生的实际情况。因此,在学生具备一些基础知识后，教师根据学生的接受程度选择某一章节，由学生提前自学，上课时任选几名学生作为“教师”，讲解章节不同部分的内容，教师与其他学生可随时提问，对学生不能讲透彻的地方，教师补充讲解。在课程结束后，教师对本次课的教学内容教学概括总结，并随堂试卷测试，评价这种教学方式的教学效果。这样做既可以增强学生的主体参与意识，也可以激发学生的学习兴趣，活跃了学生的思路，提高学生的自学能力和表达能力。

总之，相对于实验教学环节，有机化学课程的理论教学部分比较抽象，如何达到教学双赢，值得长期思考、探索、实践。教师应该在教学实践中想办法激发学生的学习热情，促进学生积极思考、积极提问，形成双向交流，从而达到教学相长、实现师生并进。

（二）有机化学实验

开展有机化学实验竞赛，是一种较好的实验教学方式。这种教学方式，能够很好地促进实验教学，发现实验教学中存在的问题，也加快了对实验教学体系的构建，是学生实验综合知识和能力的体现，能够全面考察学生的实验能力，同时也能很好地考查高校实验教学的质量，是一种经过检验的较好的教学方法。

在实验竞赛中，通过实验操作可以发现学生基本的实验素养，考查学生分析问题、解决问题的能力以及学生对实验的能动性；通过实验竞赛还可以与兄弟院校横向比较，通过交流发现在教学中存在的问题，从而进行分析解决。

1. 强调学生对实验的预习

学生的实验技能是逐步提高的，对于刚进入有机化学实验室的学生来说，强调对实验的预习非常重要。然而在有机化学实验中，学生常常不重视预习，实验前对实验原理不清楚，对实验注意事项不了解，因此在实验过程中只能机械地照书本的实验流程操作，而这种实验操作往往无法得到预期的实验结果，不利于实验教学的开展。教师应该强调实验前的预习，引导学生学会怎样预习，而不是流于形式。

2. 加强基本操作训练

基础化学实验技能竞赛的目的是加强实验教学，提高实验教学质量，促进学生实验技能提高。在实验竞赛中，实验操作试题侧重于对学生基本的实验技能的考查，如萃取、回流、分液、蒸馏、仪器的组装和拆卸等。因此，在有机化学实验教学中，教师应该多强调基本操作的规范性，耐心指导，及时发现和纠正学生不规范的实验操作，通过引导的方式让学生具备独立思考和独立解决问题的能力。

3. 改革考核方式

实验考核是提高实验教学质量较为重要的一个环节。过去由于对实验教学重视不够，在实验成绩的评定中忽视了学生的实验技能和实验基本操作，这种考核方式不能很好地体现学生的实验水平。因此，为了适应实验竞赛的评分要求，考核方式应该有所改变，可以采用实验竞赛的评分方式对实验过程进行评分，再结合平时成绩，综合考虑学生的实验成绩，以此来促进学生实验技能的规范化。

在有机化学实验教学中，教师应注意以下方面。

一是注重培养实验探索精神。培养应用型、创新型人才的前提是对其探索精神的培养，如何在实验教学中培养学生的探索精神也是教学改革的重点。比如制备乙酸乙酯，一种方法是加入物料在蒸馏烧瓶内加热回流半小时，改蒸馏装置，蒸出生成的乙酸乙酯；另一种方法是边滴加乙醇边蒸出生成的乙酸乙酯。到底应选择哪一种方法呢？第一步，要求学生预习实验，熟悉实验装置及步骤，然后要求学生查阅文献，找出实验所用仪器、试剂、步骤的不同之处，分组讨论，分析哪种实验方法会获得较高的产率。这时会出现不同的结论，让学生记下支持自己结论的理论依据，选择相应的实验装置和试剂。第二步，分组进行实验。学生按照自己的选择进行实验，记录数据之后，与其他方案进行对比。第三步，对比之后，有的结果是和自己预习时的结论不同的，这时组织学生分析讨论，找到问题所在。这样既巩固了理论知识，又培养了探索精神。

二是注重绿色化学及环保理念的渗透及实施。保护环境、实现可持续发展已成为全社会的共识，培养和造就具备绿色化学思想观念，并掌握绿色化学的理论、方法、技术,以及具有创新精神和实践能力的新一代大学生,是培养大学生创造性思维的体现。对学生进行有机化学实验的绿色化学教育,也有利于师生的身心健康。首先,开设使用天然产物为原料的实验,如"从茶叶中提取咖啡因"这个实验项目,不但原料绿色环保,而且选题更贴近生活,容易激发学生学习的兴趣。其次,重视回收利用实验室三废,减少污染,给学生树立保护环境和绿色化学的意识。如在上述"从茶叶中提取咖啡因"实验中,会用到大量的乙醇作为萃取剂,教师指导学生收集使用过的乙醇,保存在指定容器中,可用于下一组实验。废液的循环利用,既节约了实验成本,又减轻了对环境的污染。最后,在教学中,选择绿色环保的原料、溶剂、试剂、催化剂等,从源头上实现绿色化。

三是注重科教融合理念的创新与实践。科教融合能有效地促进科学研究与高等教育的结合,更有利于培养创新人才,为提高高等教育质量服务,真正实现以高水平科学研究支撑高质量高等教育。科教融合是世界一流大学办学的核心理念,也已成为我国高校办学的新常态。有机化学实验教学引入教师在研的课题,寓科研于教学中,有利于培养创新型人才。另外,作为有机化学设计实验的另外一种实施方式,即鼓励本科学生参加教师的科研小组,利用包括寒暑假的课余时间,完成课题和实验,可以使学生通过自主学习或参加科研活动达到锻炼自身、提高自身综合素质的目的。

三、分析化学

(一)分析化学理论

现代教育理论尤其强调学生的理解记忆,强调对问题的分析、思考、解决能力以及创新能力,逐渐摒弃了单纯教授知识的观点,更加强调整体性、综合性的教学。对于高校分析化学课程教学而言,教师可以从以下方面加强分析化学理论课的教学。

1. 做到讲授与引导思考相结合,对讲授与引导思考进行综合运用

二者的结合,不仅能启发学生的学习兴趣,还有利于学生创新思维

能力的培育。对教师而言,一是要对教学内容中的重难点进行分析与讲授,力争实现举一反三的教学目标;二是引导思考,也就是通过对课程问题进行深入、细致的设计,引导学生对问题进行探究与思考,激发学生的求知欲。如在进行滴定分析法教学活动中,教学重点为酸碱滴定法,为此在对学生进行酸碱滴定法的讲解中,要结合滴定法所呈现的共性特征,包括终点误差、指示剂、突跃影响因素、滴定曲线、基本原理等,为酸碱滴定法的学习做好铺垫。再如,学生在学习氧化还原滴定法或者配位滴定法时,引导学生借助酸碱滴定法的学习进行反思,这样不仅能节约学习的课时,也能够使得学生在学习中更加积极主动。

2. 做到知识的分析、归纳以及灵活运用

教学方法有很多种,不同的教学内容有不同的教学方式方法可供选择,即便是在一个章节中,也会随着教学内容的推进而不断地变化教学方法。多运用分析与归纳的方法,能够帮助学生更加系统性地掌握知识,也能提升学生对分析化学知识的综合运用能力,还能在掌握知识的背景下,解决更加复杂的案例。如不同仪器在应用、原理等方面有很大的差异,且每个仪器对于学生而言,相关的知识不仅琐碎而且凌乱,若在具体教学中合理运用归纳与分析的方法,能够起到事半功倍的效果。

3. 实现实验教学与理论教学有效的结合

分析化学是一门具有综合性强、操作性强的学科,对分析化学理论知识的掌握可以通过实验很好地补充与巩固,为此分析化学也是一门利于学生创新思维能力与动手能力培育的学科。实际层面,分析化学由于课时等方面的限制,实验课程的安排比较有限,不可能涵盖所有的理论知识,为此一些简单的实验可以让学生课后或者业余时间自己单独完成。同时,教师要尽可能地为学生参与到教师的科研试验中大开便利之门,帮助学生将理论知识与实际快速结合。

4. 合理使用现代技术以及资源对教学进行有的放矢的拓展

多媒体教学具有直观、形象、灵活的特点,而计算机网络能够帮助人们快速地获取所需要的知识、信息。因此,对于高校分析化学教学而言,应该充分使用网络、多媒体等资源进行分析化学的教学,采用这种方式不仅能提升学生学习的兴趣，还能增强学生的主观能动性，从而帮助学生获取、掌握更多的分析化学知识，使得教学资源更好、更快速地转化为学习资源。

5. 优化分析化学教学考评方式方法

对课程教学效果的评价，不仅要对学生知识的掌握程度进行考核评价，还要对学生运用知识的能力和学生的创新能力进行考核与评价，从而帮助学生学会学习、总结、应用，全面提升学生的各方面能力。基于此，教学效果的考评方式应该多样化发展，如可以增加对教学过程的考核，将学生分为若干个学习小组，教师结合课程教学中的重难点以及热点问题，安排各小组进行资料的收集和问题的分析与研究，并在后期的课堂中对收集的资料和研究的成果进行汇报、交流、谈论，教师根据现场情况对学生进行考评。也可以让学生组成作业小组，轮流批改全班的作业，在批改作业环节中，教师仅仅起引导作用。这样不仅减轻了教师的负担，还提高了学生分析和解决问题等方面的能力，不仅实现了教学目标，还实现了学生的全面发展。

6. 整合分析化学课程体系，优化课程内容

对于以“应用”为侧重点的化工类专业而言，教师在授课过程中不仅要重视理论知识的教学，更要重视对学生应用能力的培养与锻炼。而传统分析化学课程的教学却与人才培养目标脱节。分析化学课程主要包括滴定分析法（酸碱滴定、配位滴定、氧化还原滴定、沉淀滴定）、重量分析法、吸光光度法、误差与数据处理等几方面的内容。其中，滴定分析法往往是教学的重中之重，教师需花大量的课时和精力讲解平衡理论、滴定分析原理等基础理论，而对试样的采集和制备、分离和富集等实用性更强的部分则介绍甚少，有些院校受学时限制甚至不讲，违背了化工类专业培养应用型人才的初衷。因此，可以考虑从以下几个方面出发，对分析化学课程内容进行整合和优化，使其更好地符合化工类专业的人才培养目标、学生的就业意向及区域经济的发展需求。第一，有效利用课时，减少对与无机化学教学内容重复的知识点的介绍，如溶液的平衡理论等；第二，适当压缩四大滴定的内容，增加样品的预处理、分离富集方

法等内容。同时,课程内容应尽可能多地反映有关产业和领域的新发展、新要求,增加新型分析方法的介绍,让学生了解分析化学发展前沿。

7. 教学方法多元化,激发学习兴趣

化学工程与工艺化学专业由于要同时学习化学和化工两方面的课程,课程安排紧,学习压力大,而分析化学的课程性质决定了课程内容中涉及大量烦琐复杂的公式、知识点和注意事项。传统的分析化学课程教学依然是采用课件展示、教师讲解的形式,并且受课程内容、课时限制,教师授课速度普遍较快,学生存在“听不懂、跟不上、不想听”等现象,处于被动学习的状态,严重影响学习质量。只有对现有教学方法进行改革,激发学生的学习自主性,使其从被动学习变为主动学习,才能加强对知识的理解、掌握和应用。

(二)分析化学实验

在化工类新的培养方案中,特别强调实践性教学在创新人才培养中的作用,分析化学是一门实践性很强的学科,对大学生实验操作能力的训练以及分析和解决实际问题能力的提高,有着举足轻重的作用。

分析化学实验教学的任务是使学生进一步理解和掌握分析化学基本原理,训练学生的基本操作技能,帮助学生养成严谨、实事求是的工作态度,培养学生分析问题和解决问题的能力以及创新能力,为从事材料分析测试和化学品检测工作打下坚实的基础。为了有效地克服传统教学中存在的不足,培养应用型人才,可以从以下方面加强教学。

1. 开设设计性实验,开发新的实验项目

为了训练学生的基本操作技能,教师可以录制分析和操作实验仪器的视频,上传到网络平台,作为学生实验预习的一项内容,让学生自行观看,有利于学生更直观地学习仪器操作。课上对部分学生进行提问,以便检查他们的预习情况。在基本操作技能训练的基础上,开设一些设计性实验项目,以培养学生的独立操作、分析问题和解决问题的能力,有利于激发学生的创新意识和创新能力。要求学生自己利用课余时间,查阅资料制订实验设计方案。每组学生制订的实验方案应该包括实验仪器、实验方法步骤、数据记录及处理等,设计方案可多种多样。学生应提前一周将实验设计方案交给指导教师，经教师检查认可后方可进入实验室进行准备工作。

通过课前提问、课堂讨论等多种形式，使学生在动手做实验之前，对自己设计的方案进行补充与修正，对所做实验的方法和操作中的注意事项及成败的关键，做到心中有数。

实验准备工作是实验成功的关键。对于实验药品的准备，学生应提前查阅试剂手册确定试剂的配置方法。如使用具有危险性的化学试剂，需查阅试剂手册，在实验方案中标明其使用方法及注意事项，避免发生实验事故。对于实验仪器，学生应提前登录网络平台，自行观看相关仪器的操作视频，学会仪器操作方法。学生分工合作自行准备实验，可以更好地掌握试剂的配制方法、各种仪器的使用方法以及简单的维护方法，真正做到理论联系实际，增强动手能力，培养团队协作能力。

2. 对实验教学内容进行调整与优化

为训练学生化学实验基本操作、仪器使用、观察实验现象和数据分析处理能力，应精选有代表性的实验，不要过多地重复一些操作，如滴定分析。为训练学生综合实验和创新能力的提高，应选一些在实际应用中常见的样品实例进行训练，如水质分析、化学需氧量测定、硅酸盐样分析、有机物的色谱分析等。若条件许可，可增加设计型实验或开放实验室的次数。

3. 抓好实验教学过程

教师作为教学过程的主导者，一定要认真讲解基础知识、注意事项等，并指导学生的整个实验过程。更关键的是，教师要严格管理和要求到位，严师出高徒的道理在这里显得尤为重要。教师在实验前要集中精讲、演示，并提出实验要求；实验过程中要通过不停地巡视，进行个别指导、纠正，规范每个学生的操作和数据记录与处理。

4. 严格公正地评定实验成绩

学生实验成绩一般由平时的实验操作、实验数据记录及处理、实验报告以及期末的实验操作考试构成。通过实验成绩的评定不仅能反映出学生实验的客观情况，还能培养学生对实验的认真态度，提高学生的科学素质。

5. 改革实验考核办法,建立比较科学、规范、合理的成绩评价办法

准确、客观地评定学生的实验成绩,不仅能够促进学生加强预习、注意思考和重视规范操作,养成良好的实验素养,而且是培养学生动手能力、思维能力的一种手段,对分析化学实验教学有着明显的促进作用。原有的实验成绩是将平时成绩和期末考核成绩相结合给出的,期末考核成绩是理论考核,书面回答一些与本实验有关的问题。这种方法不能全面地检测学生的真实成绩,不利于学生综合能力的培养。为此,应加大平时实验考核和设计性实验考核的力度。实验总成绩可由两部分组成:平时成绩占实验总成绩的70%,其中实验预习10%;实验操作30%、实验报告20%、实验态度10%,设计性实验的成绩占实验总成绩的30%。实验方案的设计能体现出学生灵活运用专业知识分析问题、解决问题的能力。教师根据方案的合理性、正确性、严密性、可行性、创新性给出成绩。

为提升教学质量,分析化学教师在教学时应注意以下方面。

一是提高课件质量,更新课程内容。课件质量不佳、内容陈旧、照搬课本,以及教师上课照本宣科等均是导致学生学习兴趣不高、课堂参与度不够、学习质量不好的主要原因。因此,教师需提高课件的制作质量,让枯燥的课本内容以更直观、更生动的形式展现出来。目前,很多理工科课程课件多是以“文字+公式”的形式展现,课件中绝大部分都是对知识点的文字介绍和公式的推导。这在学生看来是枯燥无味的,提不起兴趣。这就要求教师在制作课件的过程中要合理设计课件的内容和布局,既要展现出待讲授的知识,又要提高美观度,让人看后耳目一新、赏心悦目。如介绍基本原理时,可插入该原理提出时的小故事;在介绍常用的滴定分析方法时,可引入实验过程的视频动画等,让知识更加生动、易懂。以氧化还原滴定法为例,间接碘量法的过程相对来说比较复杂,学生对指示剂的加入时机及滴定过程中的颜色变化理解往往不够清晰,在滴定过程中手足无措。在讲解间接碘量法时,可播放间接碘量法的标准操作视频,使学生的认识清楚、直观,从而提高学习效果。此外,教师应注意对课件内容的更新,除了课本中介绍的理论知识外,还可在课件中

添加分析化学学科的新动态、新进展，避免经年不变地使用同一份课件，以提起学生兴趣。

二是改革教学方式，以学生为主体。目前的分析化学教学，依然采取教师讲解、学生听课的方式，学生未能真正参与到课堂中。要提高学生学习的主动性，就必须对现有的教学方式进行改革，加强师生之间的交流、互动。采用启发式、探索式等方式教学，对于学习过程中遇到的问题，鼓励学生自主思考、积极讨论。此外，教师在平时应多与学生交流，了解学生的择业规划、学习特点和学习兴趣等，因材施教。例如，对于打算将来从事科学研究的学生而言，兼顾理论知识、实践能力的培养，可为这些学生后续科研打下坚实基础；对于打算毕业后从事生产制造、检验检测等方面工作的学生，则侧重其实践技能的培养。

三是提高实践能力，培养应用型人才。探索是兴趣的源泉，只有让学生体会到探索的乐趣，才能激发学生的学习兴趣。对于分析化学课程而言，探索可在理论学习过程中进行，也可在实验课程中开展。在理论课程学习过程中，可设计探索性思考题，鼓励学生发挥创造力，自由探索可行途径。在实验课程的教学中，可减少验证性实验，增加设计性实验，不单纯以设计方案的对错作为评判分数的标准，鼓励学生自主设计、自由探索，加强对学生动手实践能力和应用所学知识解决实际问题的能力的培养。可结合当地实况，给出合适的选题，引导学生自主设计实验方案。以河南信阳地区为例，可给出“信阳毛尖中茶多酚含量的检测”的选题，将学生分成若干小组，让各小组自主查阅文献，并结合所学基础知识，设计实验方案。随后由各组派出代表对方案进行讲解，各小组集中探讨其他小组方案的合理性及可行性，最后总结出切实可行的实验方案。在此过程中，可充分发挥学生的主观能动性，培养其思考问题、探索创新的能力。此外，可鼓励学生积极参与教师的科研项目，体会理论与实际的结合。这一过程可培养学生设计课题，根据设计方案进行实验，对实验结果进行分析处理的综合能力。

四是加强校企合作，培养学生的实践能力。一方面，教师可以邀请相关企业单位技术人员走进课堂。这些技术人员在日常工作中不断地遇到问题、解决问题,从中吸取教训、经验,一次次地改进操作方法,完善方案,所以他们是最有资格向学生分享实践经验的人选。通过技术人员的讲解,可以让学生们更加了解理论与实践结合的重要性。另一方面,可增加学生实习见习的次数及覆盖面,让学生真真切切地走进化学工业场地,感受书本知识是如何应用于生产生活之中的。学生通过实地学习,考察了解化工厂,了解工业生产流程,学习实验室常用检测方法,可以更加清晰地认识分析化学在实践中的应用。

四、物理化学

(一)物理化学理论

物理化学是化学教学中的一门重要的基础课。作为化学学科的理论支柱,物理化学既有着严密的科学体系,又在发展过程中不断形成新的研究方法。《自然科学学科发展战略调研报告(物理化学卷)》中明确阐述了物理化学的重要性:“实践表明,凡是具有较好物理化学素养的大学本科毕业生,适应能力强,后劲足。由于有较好的理论基础,他们容易触类旁通、自学深造,能较快适应工作的变动,开辟新的研究阵地,从而有可能站在国际科技发展的前沿。”简而言之,物理化学在整个化学教学中起着承上启下的作用,对培养学生科学的思维方法和创新能力有着重要的意义。由于物理化学学科固有的特点,比如内容抽象、公式繁多且适用范围又有严格的限制、逻辑性强等,使得教师难教、学生难学的现象时有发生。如何使学生能够在轻松愉悦的环境下领会物理化学的精髓、掌握物理化学的学习方法,并开拓创新能力,是当前物理化学教学中需要经常思考的问题。

1. 强化“兴趣教育”,调动学生主观能动性

当前物理化学的教学方式仍然以课堂灌输为主,即老师“满堂灌”、学生“满堂抄”,极大地限制了学生学习的主观能动性,使学生提不起学习兴趣,导致的结果就是教学效果达不到预期目标。因此,对这种传统教学方法进行改革已成为大势所趋。教师要想教好物理化学课程,必须付出大量的创造性劳动,只有通过大量的创造性劳动的累积,才可能激

发学生的学习兴趣，提高其学习积极性，从而收获较好的教学效果。创造性劳动，一方面对教师提出了较高的要求，即教师本身必须对物理化学课程内容有着深刻的理解；另一方面则体现在教师的授课方式上，针对教学目标，以课程内容为基础，提出问题，循循善诱，引导学生对问题进行思考，然后在授课过程中循序渐进地解决问题。

比如，在进行热力学第二定律的讲解时，教师可以首先提出问题：自然界所有的化学过程都遵循热力学第一定律，那么是否只要是不违反第一定律的化学过程，就一定能自动发生呢？进而请学生尝试举例证明。该问题的提出可以很好地启发学生，吸引学生参与。学生在举例的过程中就会发现自发过程的规律，即不可逆性。这样，教师即可顺理成章地引出一个新的概念——熵。同时，学生也通过该过程加深了对熵的理解。讲解化学反应平衡和反应速率时，以金刚石和石墨的转化为例，教师可提出问题：同样由碳元素组成，石墨如何才能转化为更昂贵的金刚石？能转化多少？通过什么手段可以提高转化率？这些问题都可以利用物理化学中的平衡及速率理论进行预测，而不是进行大量耗时耗力的试验。通过这样的例证学习，能够极大地激发学生的学习兴趣。又比如：为什么荷叶表面可以进行自清洁？引起学生对未知领域的兴趣后，通过对表面化学内容的讲解，使学生知道，荷叶的超疏水性以及独特的表面凸起结构是导致其具有自清洁功能的根本原因，进而指导学生通过查阅文献了解更多相关知识，进一步巩固对该部分内容的理解，在掌握基础知识的同时，既开拓了思维，又提高了学生对科学研究的兴趣。

除了上述“教师提问—学生思考—教师总结”的教学方式，教师还可以采用讨论式教学，即师生共同讨论。这种教学方式充分发挥了“教师为主导，学生为主体”的现代教学指导思想，不仅增强了教学双方的双向交流，促使教师和学生共同投入精力参与到课程内容的理解中，而且有助于集中学生的注意力，极大地提高了学生的能动性。比如，教师可以先提出问题：在一个完全封闭的房间内，打开冰箱门并让其工作足够长时间，是否可以降低房间温度？很多学生认为房间温度会下降。这时，巧妙地引入热力学第一定律的内容，通过详细地讲解，引导学生获得正确的答案。这种联系实际的教学过程,更能够使学生加深对知识的理解和记忆。但要注意的是,基于物理化学极强的理论性和逻辑性,大部分内容很难直接进行讨论。经验表明:教师一定要在了解学生实际水平的基础上拟定讨论问题,若问题难度较大,可能造成学生无法回答的冷场局面,同时也打击了学生的自信心。因此,对于问题的提出,应考虑设计一定的难度梯度,由浅入深,由易到难。

2. 多种教学手段的有机融合

在科技快速发展的新时代,多媒体技术的快速发展为课程教学提供了一种全新的方法。相较于传统教学方法,多媒体教学课件色彩丰富、信息量大,在清晰准确表达课程内容的同时能显著吸引学生的注意力,起到增强教学效果的作用。另外,利用多媒体课件授课可以显著节省写板书时间,而且较为直观,学生也更易理解和接受。比如,在过渡态理论的教学中,可以将"势能面"制作成3D动画,这样学生能够轻松地从三维空间理解"马鞍点""能垒""反应的最低能量途径"等概念。在讲授化学动力学相关内容时,教师可以将双分子基元气相反应中的分子简化成钢球,用flash动画将其碰撞形成新物质的过程展现出来,从而使学生能更直观地了解微观层面的分子碰撞理论。虽然多媒体教学有着不可替代的优势,但对于一些难以理解的理论和公式,应该结合板书进行引人入胜地推导和讲解,这样学生才能熟练掌握课程中的重点和难点。因此,将多媒体与传统教学手段有机融合,可能会成为未来很长一段时间里物理化学教学的主要方式。

3. 课程基础知识和文献知识相结合

物理化学是一门重要的基础理论课,掌握教学大纲规定的基础知识是对每个学生的最基本要求。学科的发展使得基础知识在深度、广度和应用范围等方面有更深层次的发展,因此对学生的物理化学素养及综合能力也提出了更高的要求。物理化学及相关领域的一些最新研究成果通常都发表在各种国内外学术刊物上,教师除了传授课本中基本的理论知识外,还应该引导学生通过查阅相关图书、期刊及电子文献等获取相关知识内容。比如,针对药学专业的学生,在讲完热力学内容后提出问题:简单地设计镇痛药物阿司匹林的合成路线。学生可以分组查阅相关资料和文献并进行讨论,最终通过查阅文献并结合所掌握的热力学知识,设计出合理的反应路线,并通过改变条件以获得最优的产率等。这种将基础知识、文献知识和生产实践联系融合到一起的过程,既充实了有限的课堂知识内容,又给学生提供了一个广阔的思维空间,并引领学生利用所掌握的物理化学知识来解决专业相关领域中遇到的问题,真正做到学以致用。学生针对自己感兴趣的问题,积极收集文献资料,这一过程可以极大地拓宽知识面,充实自己。同时,学生对相关领域的数据库和权威期刊有了基本了解,掌握了文献检索和专利查询的方法,提高了他们获取化学信息的能力,为今后的学习和工作打下了基础。

4. 帮助学生学习和掌握物理化学的理论框架,掌握科学的学习方法

物理化学作为化学的基础分支,有着自身完整的体系框架。物理化学课程教学的核心内容主要由热化学、化学动力学、物质结构和性能三个方面构成。这三条主线贯穿整个物理化学的教学过程,必须教给学生建立一个完整的知识框架体系。这三条主线所涉及的内容,与物理化学的先期基础课程和后续的专业课程知识存在相互的交叉。因此必须理清头绪,调整教学内容和重点,突出物理化学的完整体系。对于学生而言,学习一门学科,最重要的是掌握它的知识框架,而具体的学习内容,根据学时的设置来选取其中的精华进行课堂学习。学生熟悉了知识框架和典型的知识内容,就可以通过课下自学逐渐掌握广博而贯通的知识。这一点也正是我们学生所需要掌握的学习方法。而在每个知识单元的教学中,同样也遵循这样的指导思想,即使学生掌握框架体系,突出经典内容教学。以相平衡为例。专业的后续课程,如材料科学基础课程,也会学习相平衡知识,但物理化学中相平衡的学习更侧重基础。因此,我们在教学过程中更多侧重相平衡的基础框架教学。如典型相图分析,特别是在两组分体系相图的分析中,根据各种典型类型相图的特征总结,可归纳出七种典型相图,并通过典型相图的组合与演变推导出复杂相图。这样使学生能够非常快而且准确地把握基本相图类型,在此基

础上,学生可以根据个人能力和兴趣,在课下进行更深、更广泛的学习,并进一步对复杂相图进行分析。

5. 以物理化学的理论框架为基础,结合专业特色合理筛选教学内容,优化课堂教学效果

物理化学与结构化学、材料科学基础、高分子化学等课程有很多的相关内容相互重叠,例如腐蚀中的电化学原理,高分子物理与化学中的反应机理部分,材料科学基础中关于相平衡、胶体化学、界面现象等内容,均与物理化学的授课内容相关,既有重叠又有延伸。

对于传统的教学内容,不应因为其重要就盲目扩充,因此在教学内容的选取过程中,应与相关专业课程教师交换意见,统筹安排,做到对学生负责。例如热力学三大定律,已经在大学物理中多有论述,而且由于其抽象的课程内容,学生对这一部分的学习感觉非常枯燥;而热力学在化学反应中的基本应用在前期课程大学化学、有机化学、无机化学中又多有提及,因此在化学热力学教学中,必须突破以往理论论证为主的单纯的课堂教学方式,充分调动学生积极性,以学生作为学习的主体。在课堂教学实践中,首先结合多媒体对这部分内容进行介绍,并以一系列问题为先导,引导学生回忆并综述以往学习的知识;然后展开基本理论即热力学三大定律的学习,并总结热力学基础理论在探讨物质变化过程中的应用意义及其局限。尤其是在探讨过程方向性判据的教学过程中,应以当时科学研究实际过程为线索,结合多媒体教学手段,重现当时科学前辈的实验过程,从对实验现象的分析入手,循序渐进,把课本中抽象的理论学习转化为课堂上形象生动的分析现象,逐步总结经验进而上升为理论。

6. 物理化学课程教学中注意培养学生的科学文化修养

目前,部分高校的理科教学中过于注重知识的传授,而忽视了学生科学思维方法的培养。这种教学模式势必忽视了科学研究过程在理论发展完善中的重要作用。因此,我们希望突破以往结论性学习的模式,突显科学研究过程的重要性,培养学生尊重科学事实、严密完整的科学思维能力。这一培养模式必然有助于实现培养学生创新性思维这一宏

观教学目标。同时，科学并不仅是知识，还是一种文化。大部分学生缺少科学文化理念。因此，教师在教学中应注重加强学生的科学文化素养，使学生不仅要学习科学知识，还要学习科学的方法和科学家的精神。

以化学反应动力学中反应速率与温度的关系为例，最为经典的是阿伦尼乌斯的研究成果，对于阿伦尼乌斯公式，所有化学相关专业的学生都知道，但很少有学生知道这一结论是如何确定的。事实上，阿伦尼乌斯当年采用的研究方法，在目前仍是化学动力学科研工作中的一种基本方法，因此在教学中有必要对这一科学研究过程进行再现和讨论。温度对反应速率的影响是通过影响反应速率常数来实现。通过实验数据分析，建立温度对反应速率影响的归一化方程，从而最终确定阿伦尼乌斯方程。而阿伦尼乌斯方程的数学形式和前面所学的范特霍夫等压方程、克拉佩龙方程等非常相似，这是由于他们采取了类似的数据处理方法。因为这些科学家几乎是同时代的，他们的工作互有交集。通过这样对科学发展历史的再现，可以在教学过程中让学生了解科学的实验方法和数据分析方法，进而更好地掌握科学的方法。同时，这一过程也提升了学生的学习兴趣，使其了解了物理化学的发展历史。

（二）物理化学实验

物理化学实验区别于其他化学基础实验，物理化学实验操作过程和实验对应的物理化学理论可能毫无关系，而且对同一实验，其操作也可能有较大差异。

比如，在“饱和蒸气压测定”实验中，验证的是物理化学中克劳修斯-克拉佩龙方程。在静态法操作中要测定温度和压强两个物理参数，早期的装置是在纯液体沸腾时测定温度和压强，这两个参数都是变量，唯一可控制的就是纯液体沸腾。操作过程中常出现的问题是液体爆沸和漏气。学生在操作中容易出现各种问题，教师成了“救火队员”。现今发明出一种带“U”形管的装置，“U”形管中的液体与待测液体是同一种物质，通过“U”形管中的液体把待测液体密封起来，一方面可密封待测蒸汽，另一方面也提高了装置的气密性。同时，该装置所用液体的体积显著减小，而且在恒定温度下测压强，实验操作明显简化。实验所节省下来的时间,一方面可以用来与学生讨论这个实验装置的操作原理,另一方面可利用类似的装置来测定其他的物理化学参数。给予学生足够的时间来讨论,使学生明白,只要测定的物理化学理论中有压强和温度两个参数,涉及的相中有气相,那么这个装置就是通用的。这个操作原理还可以用在“氨基甲酸铵分解平衡常数测定”实验中。

所以,教师应该把物理化学实验教学趋向于去完成物理化学实验的教学任务,在课堂上分析讨论实验结果,让学生对相关基础理论有更加直观的认识。综合来看,教师可以采取如下教学方法。

1. 转变实验原理讲授方法

目前,所有物理化学实验教材在对实验原理进行讲解时均采用顺序介绍的方法,即从最基本的公式或者反应的方程式逐步进行推导,最后给出本次实验目标数据的求算公式。然而,当实验结束时,学生面对实验数据却无从下手。因此,在授课时应采用“有用性原则”,即需要什么找什么。通过采用这种讲授方式,可以在最大程度上使学生快速地掌握整个实验的流程,明白每个操作步骤的目的是什么、所需数据的来源在哪里、测得的数据有哪些用途等,并且对实验数据的后期处理有着极大的帮助。

在物理化学实验的授课过程中,仪器的正确使用是重点环节。以往的授课方式都是指导教师先进行演示,一步步地教给学生,然后学生再重复指导教师的操作步骤。这样的授课方式限制了学生的思维和探索过程,学生无法真正掌握仪器的操作,在实验过后对仪器的操作没有任何印象。因此,首先要让学生仔细阅读实验所用的仪器的操作规程;其次,简单讲述实验流程,并再次强调仪器在使用过程中的注意事项及禁忌;最后,让学生探索性地展开实验。在实验实施过程中,学生可以根据自己对仪器的掌握情况,调整相应的实验步骤。这种授课方式极大地提高了学生的实验积极性,培养和锻炼了学生独立思考和敢于动手的能力。

2. 增强学生自身重视程度

物理化学本来就是一门比较难理解的学科,如果以照搬教材“满堂灌”的方式给学生授课，不但起不到好的教学效果，而且也达不到素质教育的目的。因此，通过实验教学启发学生，引导学生掌握科学的思维方式会是一种较好的方法。许多学生在大一新入学时并不重视实验课程，从而导致学生缺乏系统而扎实的化学基本实验技能，学生的化学实验基础较差。传统的实验教学模式也没有充分体现对学生自主实验能力的培养，导致学生在实验过程中积极性不高、依赖性强，教学效果不理想。学习态度是影响学习效果最重要的一个因素，因此，必须增强学生的自身重视程度。

学习态度是一个意识问题，需要潜移默化地慢慢改变。以实验的预习为例，部分物理化学实验操作步骤较为烦琐，实验中测得的原始数据需要进行比较复杂的处理，才能得到最终结论；如果学生在实验前没有认真做好实验的预习，在实验中必然是依据实验讲义，看一步做一步，实验操作过程中会不断出现本可避免的错误，甚至造成仪器的损坏；学生甚至不知道应该记录哪些数据。因此，督促、指导学生进行实验预习非常重要。为了能够达到有效预习这一目的，要求学生在书写预习报告的同时，还要给学生布置相应的思考题。关于思考题的答案，只要学生认真阅读实验教材上的相应实验内容就可找到。这种预习方法可以有效地克服学生的懒惰习惯，促进学生预习的积极性，从而提高实验课教学质量。

3. 教学方式主要采用单人单套独立实验

教师应结合相关的物理化学理论知识和实验方法进行讲解（前期），不断巡视和个别指导（中期），针对实验现象和数据处理过程等进行总结讨论（后期）。教学过程强调以学生为主，教师进行合理指导，鼓励学生独立思考和探索创新，并注重师生间面对面的交流。教学手段可以采用板书和多媒体相结合的形式，不断扩大计算机技术在物理化学实验教学中的应用。

（三）教学注意事项

1. 注意让学生学会常见的数据处理方法

物理化学实验中常见的数据处理是线性回归，比如“饱和蒸气压测定”“氨基甲酸铵分解平衡常数测定”“蔗糖水解反应速率常数测定”“乙酸乙酯皂化反应速率常数测定”等实验均需进行线性回归处理。线性回归是把所处理的数据画成直线,通过直线的斜率和截距来求解相关的物理化学参数。如“饱和蒸气压测定”实验可以通过线性回归的斜率来计算液体的摩尔蒸发焓,“乙酸乙酯皂化反应速率常数测定”实验可利用线性回归斜率和截距来计算乙酸乙酯皂化反应的反应速率常数。在“二元液体相图测定”实验中需要画曲线,而且该曲线通常是两个X一个Y,如何正确地把实验图画出来,也需要使用一些合适的软件。

随着科学技术的发展,计算机进入我们生活、工作的每个角落,物理化学实验中使用坐标纸画图分析渐渐变成了历史。这是因为用坐标纸画图时,人的主观因素会对所画图形产生重要的影响,从而产生实验误差。用计算机处理物理化学实验数据时,可有效地避免人为主观所产生的误差。当前,学生比较容易接受的数据处理软件是Excel,但是Excel所画直线给出的误差分析数据不直观,而且所画图形“难看”,不易修饰,更适合做统计类的数据处理。而在物理化学实验数据处理中,使用较多的数据处理软件是Origin。该软件编辑较简单,而且线性拟合后,可以方便地利用相关性系数来判断实验数据的线性关系如何,图形也容易修饰。它还有一个重要的特点,是可以利用实验所得的有限数据点来拟合出更多的数据点,这个特点对需要做切线的实验(丙酮碘化反应速率常数测定)特别有用。通过科学的数据处理方法,可为实验数据的进一步处理及数据分析提供正确的处理结果,因而这是学生在物理化学实验过程中必须学会的实验数据处理技能。

2. 重视实验结果的分析讨论

学生在实验室中,主要是完成实验操作,获得基础的实验数据,数据处理及结果分析一般是在课后进行。这就要求教师在实验期间,应向学生明确数据处理及结果分析的要求;还要针对物理化学实验数据对学生进行分组,通常是2~4人一组,尽量杜绝课后学生处理的实验数据及结果分析雷同。要引导学生在课后尽量独立完成数据处理和结果分析。但是学生之间通过课后讨论形成一致意见,这种情况应该提倡。

数据分析和结果讨论都要求学生写在实验报告中，老师可以根据实验报告来评判学生数据处理和结果分析讨论的情况，在下次上课时，利用学生闲暇时间单独向学生点评其实验报告，指出一些不足的地方，并给学生示范这些不足之处应该如何正确地处理。经过3个以上的物理化学实验的训练，学生一段能自主地采用正确的方法去分析讨论实验结果。要让学生真正学会如何思考。

3. 加强实验室仪器管理

目前，我国高等教育进入跨越式发展阶段，高等学校的实验室工作正面临着新的形势与挑战。实验室仪器管理是实验教学的重要组成部分，实验室仪器管理水平的高低将直接影响实验教学的质量。物理化学实验课程涉及化学热力学、化学动力学、电化学等方面的内容。实验常用仪器包括：电子分析天平、数显恒温水浴锅、半自动氧弹式热量计、数显贝克曼温度计、数字式压差计、全自动凝固点降低法测分子量装置、电导率仪、数显旋光仪、阿贝折射仪、黏度计、比表面测定仪等等。这些实验设备能否正常使用，直接关系到实验的顺利开展以及实验数据的可靠性，同时也影响学生对物理化学课程的掌握程度。对实验仪器实行规范化管理，可最大限度地保证仪器的正常使用。目前，实验室已采取的管理措施包括：对仪器的标准操作制定一个操作规程，并按规程进行培训后才能操作仪器；仪器的使用必须在实验室仪器登记本上进行登记，对于不正确的操作所造成的仪器损坏，追究责任到个人；定期对实验仪器进行检查维修工作，减少因老化、化学品腐蚀等因素造成的仪器突发性故障。

五、高分子化学

（一）高分子化学理论

高分子化学重点在于研究高分子材料的合成原理、方法和反应机理，既是一门基础科学，又是一门应用科学，在高分子学科体系中具有重要的基础性地位。然而，高分子化学涉及的理论知识较多、知识点抽象，在教学过程中容易造成学生难以全面、准确地掌握教学内容现象，进而导致学生出现学习积极性下降、学习效率低下等问题。为了解决以上问题,教师可以采用以下教学方法。

1. 分解教学内容,推广自主学习

高分子化学课堂中应当以学生自主学习为主,教师讲解为辅。对高分子化学课程没有兴趣的学生,在小组其他人员的带动下,通过互联网查询、图书馆翻阅资料等途径了解高分子材料的应用、前景及发展,从而增强对该门课程的学习兴趣。对于化学课程基础薄弱的学生,可以通过查阅资料等自主学习方法与教师指导相结合,为高分子化学课程的学习打好基础。比如第一章绪论,学生就可以在课下以小组的形式通过自主学习来完成。课堂上老师提出问题,各个小组间进行相互交流讨论,最终老师再讲解重难点,进行现场答疑。这样经历短短2个课时,学生们就能掌握相应的知识点,避免了传统教育方法中对于课时的浪费,同时也培养了学生们的自主学习能力。

2. 增强教学形式,多种形式并存,变填鸭式教育为框架式教育

填鸭式教育最早是由苏联教育家凯洛夫发明的,这种教育方式已经不再适合新型高分子教育体系,不易培养出能力强、素质高、具有创新思维的新型人才。因此我们在课堂上采用框架式教育方式,提前将教学大纲传达给学生,并针对每节课的内容相应提出2~3个问题,比如高分子材料具有良好的稳定性和可降解性,那么能否将高分子材料运用到制造人体内脏、人造皮肤等医用领域?让学生们回去查资料回答问题。上课时首先采用小组讨论的方式将大纲填写完全,并商讨出问题答案;然后教师随机选取小组人员进行汇报。这样小组内每名学生都有自己的分工,使学生们真正成为课堂的主体,避免偷懒现象的发生;最后教师集中点评,并且针对讨论结果引领学生继续探索。采用这种以问题为导向的教学方法,学生们会在课前、课间、课后时间主动与教师讨论,在教师与学生之间反响比较强烈。而学生们在完成这门学科后,还会主动关注身边接触到的高分子材料。

3. 善于运用多媒体

高分子化学课程具有内容繁杂、传递信息量大的特点,传统的授课

模式为课时多、内容少,已经不符现代教育课时少、任务量大的特点。而多媒体教学具有许多优点,如省时省力,现代教师已经不用再拿着分子模型四处奔跑。但是教师在课件制作时,要从多种角度选取素材,抓住学生兴趣,凸显出所讲的重难点及知识体系,启发学生思维,形成互动课堂,让学生真正做回课堂的主人,让学生通过多媒体手段实现从感性认识到理性感悟的认知飞跃,从而提高课堂教学的效果。

同时,在运用多媒体教学时也存在一定的弊端,比如演示酚醛树脂的反应机理时,多媒体演示虽然清晰,但是速度快,学生们一时难以完全接受、理解。所以,教师并不能只使用多媒体教学,完全放弃传统的板书教育,避免对多媒体形成过分的依赖,应该是有机地将这两种教学手段结合在一起,以达到更好的教学效果。

4. 开展高分子第三课堂

教学不单是教会学生书本的知识,还要帮助学生把握本学科的发展方向。如果在课堂教学的过程中开展第三课堂,适当介绍高分子材料合成研究领域的热门方向,就可以在一定程度上激发学生进一步学习的热情。当然,第三课堂不仅仅局限于教室,第三课堂也可以搬进企业,学生们走进企业,由企业技术骨干进行现场教学,形成产教融合、校企合作的办学模式,将专业知识讲解和创新创业教育结合,这样学生们既能掌握创业时所需要的技能,又能具备创业意识。

5. 改变传统教学方法,融入思政教育

相对于专门的思想政治理论教育,课程思政是一种更加柔性的思想政治教育工作方式,当高分子化学与思政相结合,则赋予了专业课价值引领和思想教育的功能。教师要在高分子专业知识传授中做到润物无声,在潜移默化中进行价值观的培养、传递等,必须要遵循思想政治教育的规律,遵守教书育人和学生成长的规律,对现有的教学方式进行改革,具体方法如下。

(1)问题导向法。可选择趣味性较强或者生活中较常见的知识点,以提问的形式,激发学生的兴趣,同时培养学生的科学探索思维,陶冶情操,增加民族自豪感和环境保护意识等。

(2)研究性教学。如从气体或者液体小分子单体如何变成高强度的高分子化合物,在聚合反应过程中聚合条件起到什么作用,聚合温度、溶剂如何影响聚合反应?甲基丙烯酸甲酯合成实验中聚合反应是如何发生的等。学生可在专业实验室亲自体验,开展研究性实验。

(3)情感陶冶法。可引用古今中外的名人名言,增强学生民族自豪感。如讲述天然高分子一章,可穿插入赞美大自然的诗歌。

(4)榜样教育法。借助于古今中外榜样形象,以优秀品质和的模范行为进行德育教育。

(二)高分子化学实验

高分子材料在现代社会中扮演着越来越重要的角色,人类社会的可持续发展离不开高分子材料的支撑。因此,高分子化学及材料等成为了大学化学教育中重要的组成部分。与高分子化学理论课程配套的实验课程,是基础理论的延续与深化,不仅要对学习者的高分子实验基本技能进行系统训练,同时更重要的是对高分子化学的核心科学理论进行验证和深化,再现科学规律的发现过程,从而掌握知识的发现途径,提高学生的自主探究能力和创新能力,以造就具有创新意识和创新能力的问题解决者或问题探索者。实验课程既是高分子化学理论课程不可或缺的补充,又是一门独立的探究性课程,是联系基础理论与实际应用的桥梁课程。目前,国内绝大多数高校均开设有高分子实验课程,充分显示了高分子化学实验课程的基础性。教师可以从以下方面加强高分子化学实验的教学。

1. 转变教学观念

高分子化学实验教学改革在实践与发展的过程中,需要教师转变传统教学观念,充分打破以往注重学生实践技能培养、忽视学生创新能力和实践能力培养的惯性思维,最大化地解决以往化学实验教学综合性实验较少、设计实验较少的问题。在转变传统教学观念期间,可以结合学生的实际学习需求,坚持以培养学生创新思维和能力为原则,为学生设计综合性和验证性的实验教学内容,让学生通过对不同实验的探索,增强对相关重点内容的理解和认识,也可以通过引导学生对相关实验项目进行创新和重新设计的方式，增强学生动手操作能力和创新能力，不断解决以往以教师为中心，单纯向学生讲解化学实验知识的问题，弥补不足。

例如，在甲基丙烯酸甲酯的制备实验的教学过程中，为实现对学生创新能力的培养，教师可以通过甲基丙烯酸甲酯的“分散聚合”“悬浮聚合”等实验教学项目，让学生进行有效的实验，帮助学生在不同的实验过程中，了解不同的实验方法和相关实验的准备过程，强化学生对多种知识和内容的理解。不同的实验，也有助于学生观察到不同的实验现象，增强学生对知识的直观和感知认识，最大化地提升学生的创新能力和创新意识，并且能够结合相关实验原理和方法，提升学生学习效率。

2. 采用综合性实验方式

在高分子化学实验教学改革的过程中，采用综合性实验方法，可以扩大学生的知识面，增强学生综合设计和合理设计实验的能力，使学生探索能力和综合分析能力得到全面增强。首先，在采用综合性实验方式的过程中，教师可以通过增加综合性实验的方式，对相关实验项目进行有效优化和整合，加强相关实验的有机结合，形成一系列综合性实验。以合成甲基丙烯酸甲酯为例，在实验的过程中，可以通过红外测试、黏度法，对PMMA分子质量进行测定的方式，形成一系列的综合性实验，促使学生能够在系统的实验和学习过程中，掌握原料的准备、材料的合成与性能等相关知识内容。其次，为促进学生综合性实验的顺利完成，培养学生有效的实践能力和动手操作能力，可以让学生在做实验的过程中，积极查阅相关书籍，合理对材料制备和表征方法进行细致了解。同时，还可以在查阅资料的过程中，分析聚合物的合成条件以及性能。这样有利于培养学生良好的自主学习能力和创新能力，在体验知识的过程中提升创新能力，强化学生对相关知识的认识和理解。

3. 开发实际应用型实验

在学生创新能力培养期间，高分子化学实验的教学改革，需要结合应用型人才的实际需要，多多开发实际应用型实验，让学生的实践和实验内容与生活实际相联系。这样能够让学生感受到化学实验的使用价值,增强学生学习的积极性和主动性,最大限度地将学生学习的创造力和潜能发挥出来。例如,在进行“制备软质/硬质聚氨酯泡沫塑料”的相关实验过程中,可以让学生自行查阅资料、设计实验方案等,设计合成不同密度的软质和硬质聚氨酯泡沫塑料;然后再让学生在实验的过程中,对比软硬泡沫使用原料的不同;最终结合相关结论,了解泡沫塑料的发泡原理。在这一系列过程中,给予学生更大的发展空间和创新空间。促使学生的应用型实验过程更好地与社会应用紧密结合,增强学生在实验过程中理论知识联系实践的能力,使他们能够学以致用。

另外,为增加实验实用性,还需要在实际应用型实验开发的过程中,为学生设计一些目前科技领域与化学研究相关的内容。比如,安排“原子转移自由基聚合”的实验活动和内容,激发学生探索知识的欲望。在完成相关实验后,可以让学生以实验报告和写论文的方式,对实验过程进行有效探究,充分将科研与实验内容有机结合,增强学生对学科发展前沿的有效理解,使学生的科学素养和创新能力得到全面增强。

第二节 实践应用课目教学的主要方法和注意事项

实践应用课目的教学方法,应该立足于化学反应工程、化工工艺学、化学传递过程等主干课程的教学特点,注重时代性、实践性、工程性和创新性,让教学更贴近实际需求和人才培养规律,同时,应将化学工程与化学工艺紧密结合,推动教学创新发展。

目前,越来越多的高校将工艺教学融入化学工程教学之中,希望通过这样的一种教学方式,使学生在掌握化学专业知识的基础上,加强其化学实践能力。由于传统的化学工程教学,更注重化学基本反应方面的理论知识讲述,进而化学实践方面的知识掌握得相对薄弱,而工艺教学则偏重于化学实践操作。因而将二者有机地结合起来进行教学,既为学生打下了良好的化学知识基础,同时也有效地提升了其化学实践能力。同时在这样的教学方式下,学生的创新思维得以发挥,对促进学生化学知识能力的全面发展有利。

调查表明，在当今社会中，高新产业对于化工人才的需求明显高于原有的传统化工行业。但是这类企业对化工专业人才的专业技能要求，与传统工业相比还是存有一定不同的。因而完善、改变、提升化学工程教学，对培养出高能力、符合社会需求的化工人才是非常重要的。此外，随着科技的发展，产业结构的更新与变革，高新技术产业、精密性产业在快速崛起，带动了我国经济的发展。而此类产业的经营发展，是需要优秀的化工人才来作为支持的，进而需要高校培养出更具创新性、化工知识扎实的高素质人才。就这一层面而言，将化学工程与化学工艺教学相结合来施教是非常有必要的。

一、化学反应工程

（一）化学反应工程

化学反应工程是一门研究工业规模条件下化学反应过程中物理和化学变化基本规律的工程学科。提高化学反应工程课程的教学质量，培养具有扎实的理论基础和较强的工程分析能力的人才，是新时代国家发展的需要。课堂教学作为课程学习中的关键环节，在提高人才培养质量方面起着重要的作用。教师可以从以下方面加强化学反应工程的理论教学。

1. 多种教学方法并存

以前该课程多采用传统的讲授式教学方法，该种方法对所有内容均讲细讲透，不利于学生自学和创新能力的培养。因此，在该课程的课堂教学中继续发挥教师主导作用的同时，应重视发挥学生的主体作用。根据学生的认知基础、思维水平、教学具体内容和教学目标，灵活采用不同的教学方法，以讲授法为主，同时讨论式、自学式、互动式等多种教学方法并存，各种方法紧密结合、互为补充。

（1）讲授教学法。教师在课堂上根据教学计划对学生传授书本知识，在授课过程中突出重难点，并补充与该学科相关的前沿动态和最新发展状况；同时避免填鸭式教学，力求条理性强、语言生动，并通过设问等启发方式调动学生的积极性。

(2)讨论式教学法。学生在教师指导下针对某一问题进行探讨、辨析,该种方法有利于激发学生学习的积极性和主动性,同时也锻炼了学生的思维能力和表达能力,还活跃了课堂气氛,提高了学生的注意力和学习效率。在该种教学方法中应注意选择理论知识的核心要点作为讨论主题,同时在讨论过程中注重启发、诱导,并作好总结。通过讨论,教师可以了解学生的学习状态,也可及时调整自己的教学内容计划。

(3)自学式教学法。化学反应工程一般安排在大学三年级讲授,高年级学生的学习独立性逐步提高,教师在课堂教学中可介绍一些学习和思考问题的方法,教师可以有意识地将某一部分内容指定为自学内容,并给出一定的自学要求,使学生在被动的状态下完成一种主动学习。同时可指定一些参考书及文献要求学生查阅,并对某一问题进行分析,提出解决方案,以增强学生独立学习的能力。

(4)互动式教学法。通常采用学生授课的方式进行,由学生当老师讲课。这种师生角色互换的做法适应当代学生大胆、求新、自主性强的性格特征,满足了学生的表现欲。同时该种方法重视了学生的参与性,调动了学生学习的积极性和能动性,活跃了课堂气氛,从而改善了教学效果。互动式教学使学生由被动的学习转为主动的学习,逐步实现教学过程中以教为中心转向以学为中心的改革。

2. 工程因素化教学方法

工业反应器中的化学反应可分为物理过程和化学过程,影响化学反应结果的因素可分为两类:一类是与反应器装置大小无关的化学动力学因素,即化学因素,体现着化学反应自身的规律;另一类是与反应器装置大小密切相关的传递过程因素(如返混、传质、传热、操作方式等物理因素),即工程因素。工程因素方法论就是将化学反应过程中诸多工程因素对反应结果的影响进行工程分析,并按浓度效应和温度效应展开教学,从而为学生打下较为扎实的反应过程开发和反应器设计的理论基础。

3. 数学模型化教学方法

模型化是一种工程方法,即通过建立相应的数学方程式来描述和表达某一种或数种实际过程定态或非定态的行为。模型化可用于反应器的分析、预测、设计、放大、控制等,其中预测反应过程的行为是化学反应工程数学模型化的核心。

反应工程涉及反应动力学模型(包括本征和表观)和反应器模型(包括定态和非定态)两类模型。化学反应工程课程教学的一个重要任务就是通过数学模型化方法论教学,使学生学习和掌握反应工程有关模型的建立方法、验证或筛选模型的方法以及在特定条件下确定模型参数的方法。

建模是化学反应工程的主要研究方法之一,课程教学的一个重要任务就是使学生掌握反应器模型建立及求解方法。化学反应工程涉及的数学模型可分为两类:一类是反应动力学模型,包括本征和宏观的反应动力学模型;另一类是反应器模型,包括稳态和非稳态的反应器模型。简单反应的动力学模型及理想反应器的数学模型计算比较容易掌握,学生可以利用所学高等数学知识进行推导。但是对于真实反应体系及工业反应器,由于各个参数之间的关联和耦合作用,所建立数学模型的方程式难以通过分析方法求解,需要借助相关的计算软件进行求解。

近年来,利用数学工具软件求解数学模型,越来越受到学术界和工程界的重视,掌握一定数量的工具软件已成为现代科技工作者必备的能力之一。因此,在化学反应工程课堂教学中,教师可以引入相关数学工具软件(如 MATLAB、MathCAD 等)的应用内容,利用这些计算软件建立数学模型,或要求学生使用相关软件求解习题。此外,针对反应器的设计计算及过程参数对反应器性能影响的分析,教师也可引入流程模拟软件(如 Aspen Plus 等),使学生直观地感受参数变化对反应器性能的影响,并建立工程概念。

4. 多媒体组合教学

化学反应工程是一门与工程实际紧密联系的、既兼有基础课又兼有专业课特征的课程。初涉工程领域的学生由于缺乏对化工过程和反应设备的感性认识,若采用传统的教学手段,将难以直观地对这些现象和过程进行描述性教学,很难达到现代教学的要求;而采用现代教育技术和传统教学手段相结合的多媒体组合教学,可大大提高教学效率和教学效果。

现代教育技术和传统教学手段在教学中的使用,应根据不同的教学内容以及学生对教学内容的认知特点和规律来确定。对于反应动力学模型的建立等理论性强、知识系统和推理逻辑严密的教学内容,采用传统教学手段辅以现代教育技术有利于培养学生的科学思维。而对于反应工程中实践性、工程性强的教学内容,采用现代教育技术辅以传统教学手段的多媒体组合教学,利用多媒体技术模拟反应器操作的仿真动画,可实现“动态的问题形象化”“微观的问题宏观化”“抽象的问题具体化”“表达方式的多样化”,使原本难讲难学的教学内容变得更直观、更生动、更形象,从而降低学习难度,提高教学效果。

利用校园局域网建设内容丰富、功能多样的化学反应工程课程网站是多媒体组合教学模式的必要补充手段。课程网站的设计以CAI课件为主要内容,并设置互动栏目实现在线辅导答疑,以解决由于多媒体教学讲授内容多、速度快,部分学生专注动画、忽略基本理论和基本方法的学习,部分学生跟不上学习进度以及课堂笔记不完整等问题。学生也可在网上查阅课程教学大纲、课程教学进程计划、授课教案、精选的例题与习题和典型化学反应装置生产运行操作影像资料等课程资源。教师亦可通过课程网站听取学生对课程教学的意见、建议和要求,以便更新教学内容和改进调整教学方式方法。教研组也可借助课程网站共享教学资源,以促进教师教学水平的整体提高。

(二)化学反应工程实验

化学反应工程学是一门研究化学反应工程问题的科学,既以化学反应作为研究对象,又以工程问题为研究对象,并把二者结合起来的学科体系。“三传一反”是化学反应工程的基础,而反应器的设计与优化是化学反应工程学科的主要任务。因此需要学生拥有扎实的专业理论基础以及将理论转化为实践并能指导实践的工程能力,化学反应工程实验课便应运而生了。结合教学实践,化学反应工程实验的教学可从以下方面进行改革。

1. 理论教学与实践教学紧密结合,巩固专业知识

化学反应工程作为化工专业的主干课程,理论课、实验课在第6学期同步开设,在课程衔接方面起着承上启下的作用。理论课共42学时,重在培养学生熟悉反应动力学基本理论和树立反应器设计中的工程观念;实验课共24学时,其目的在于培养学生的动手能力、操作能力和解决工程问题的能力,同时也可加深学生对所学理论知识的认知程度。化学反应工程实验内容包括流动性能测定、气固催化反应和液固催化反应动力学、气相扩散系数等。由于化学反应工程学科体系十分复杂,且与高等数学、物理化学等基础学科密切相关,并与化学热力学、反应动力学、传递工程等存在交叉关系,教学难度较大,普通抽象的讲授很难达到预期的教学效果,必须科学地选择和应用适宜的教学方法,将抽象的内容具体化,因此可通过开设实验课解决这一难题。如学生在理论课接触到流动性能测试方法为物理示踪法,示踪剂的输入方式有脉冲法、阶跃法,但理解起来还是有些囫囵吞枣、云里雾里的感觉。实验过程中,学生通过使用注射器加注示踪剂,体会到脉冲示踪的真正含义;通过阀门及仪表控制电磁阀切换流体。加入示踪剂,可以深刻领悟阶跃示踪法的特点,在此基础上,学生能够对流体流动性能测试实验有清晰的认识,也能够结合概率知识密度函数及分布函数去处理反应工程中的具体问题。

2. 启发式教学,培养学生树立工程意识

启发式教学,就是根据教学目的、内容、学生的知识水平和知识规律,运用各种教学手段,采用启发诱导的办法传授知识、培养能力,使学生积极主动地学习,以促进身心发展。启发既是一种方法,更是一种教学指导思想,是相对于灌注式而言的。由于实验课的特殊性质,决定了师生之间可采用一种较为灵活的启发式互动教学法。

目前实验设备按类型分为验证型、综合型实验。实验课要提前分组,确定每次的实验内容,要求学生分组合理,每组成员分工合理。每个参加实验的同学都要提前预习,了解实验原理及相关注意事项,在接触

到具体实验设备时，要求学生对照实验指导书所示流程图，分清所有仪表、阀门、管路的具体作用；教师不讲或少讲实验原理，随机抽查学生去讲解实验过程及实验整体安排、预习程度、查阅文献情况、实验设计思路，从而激发学生去思考、去摸索。

从理论课被动接受相关反应器知识，到实验室亲自操作仪器、合成反应，在此过程中，学生根据自己设计的最佳方案来安排实验，完成药品的配制、仪器的准备和仪器的安装与调试；根据拟定的实验步骤进行实验操作，观察实验现象，准确无误地记录实验数据。教师应全程跟踪学生的实验过程，以便及时发现和解决实验过程中遇到的各种问题，正确引导学生顺利完成实验。这既锻炼了学生思考问题的能力，也对教师专业知识的储备提出更高的要求，从而实现教学相长。实验结束之后，要求学生会用专业软件去处理实验数据，并将实验报告按照"预习报告—实验过程报告及数据处理结果—实验原始记录"的顺序整理成册，统一上交，集中批改，并结合学生在实验过程中的操作情况给出最终成绩。

3. 先实验再实践，提高工程实践能力

作为化工专业的本科生，从第6学期第1周开始进行化学反应工程理论课的学习，通过初次学习已明确了"三传一反"是化学反应工程的理论基础，以及以"反应器"作为研究对象的客观事实。因此，从第7周进入反应工程实验室，分别接触到反应器流动性能测定、气固相催化反应及液固相催化反应动力学测定等实验，由反应装置完成"邻二甲苯气相氧化制取邻苯二甲酸酐""以苯为原料，镍为催化剂在固定床反应器中合成环己烷"的实验，并用气相色谱法进行定性分析。通过实验，学生对基本的反应器及反应过程有了直观的认识。第10周开始，学生进行为期1周的企业见习。从实验室小试到企业见习，学生接触了从原料到完整产品的化工生产过程。因此，从实验到见习的完美结合，使学生对反应设备的认识由小及大、由简单到复杂，树立感性认识，激发思考动力，提高工程实践能力。

4. 以实验室为起点，参加化工设计大赛，增强学生工程应用能力

应用型人才是指能将所学专业知识和技能应用于所从事的专业社

会实践的一种专门型人才，是能够熟练掌握工业生产第一手基础知识、具有基本技能、主要从事具体岗位操作的技术或专业人才。随着社会与科技的飞速发展，化工行业对工程技术人才的要求越来越高。而工程技术人才的创新能力集中体现在工程实践活动中创造新的技术成果的能力，包括新产品和新技术的研发、新流程和新装置的设计、新的工厂生产过程操作运行方案等。于是，应用型工程技术人才的培养也是高校的主要教学任务，可通过制定合适的教学方法，按照理论教学—实践验证—综合训练的产学研教学的模式来实现。

化学反应工程研究的对象是各种类型的反应器，以质量传递、热量传递、动量传递以及反应动力学为基础，从研究均相理想反应器出发，到认识工业生产当中实际使用的固定床、流化床、浆态床等反应器。学生在接触理论之后辅助以实验操作以及见习实习环节，能够大大提高学生的学习兴趣和培养理论联系实际的能力。任何化工生产过程都离不开核心设备反应器的使用，因此，学生在学习相关专业课的同时，要以课程设计、专业实验为基础，进行化工厂综合设计，为参加化工设计比赛奠定基础，真正做到“学以致用”。[①]

（三）教学注意事项

1. 课程教学与专业培养方案相结合

化学反应工程课程教学应以专业培养方案为依据，注重知识体系分析，加强教学内容的衔接，按照科学性、应用性原则组织教学。加强与相关专业基础课程的横向联系，将该课程有关理论与相关课程内容联系起来，促进学生对本专业培养模式总体概念的形成。

2. 化工原理与化工工艺相结合

化工原理着眼于反应器中的传递过程，化工工艺着眼于化工过程中的工艺技术路线和反应工艺条件，而化学反应工程则研究反应装置的工程放大和优化设计。因此，化学反应工程属“桥梁”性专业技术基础课，只有将化工原理与化工工艺相结合，才能使化学反应工程真正成为工业反应过程的研究开发之斧、设备选择之模、放大技术之桥。

①董殿权．化学反应工程实验教学改革初探[J]．广东化工，2016(24)：157.

3. 基本原理与反应器设计相结合

化学反应工程涉及化学反应本征动力学、宏观动力学、化学反应的选择性、反应过程中的热量传递和质量传递、反应器中的返混与停留时间分布及反应器热稳定性等诸多基本原理。在教学中,只有将基本原理与反应器设计分析相结合,才能增强教学的运用性,使学生懂得如何把知识原理运用于化学反应器设计和实际操作。

4. 反应影响与传递影响相结合

反应过程和传递过程构成了化学反应工程中两个最基本的过程,在反应器中进行化学反应时反应和传递都将遵循其自身的规律。反应影响和传递影响绝不是简单的加和,而是二者按其规律的有机结合。因此,把反应影响与传递影响有机结合是反应工程课程教学应把握的重点之一。

5. 流体流动与返混利弊相结合

返混是工业反应器中重要的工程概念,化学反应器中流体的返混程度决定着反应器的属性,并对化学反应结果影响较大。由于返混这一物理工程因素对化学反应的影响不能一概而论,因此,在教学中,必须将流体流动与返混利弊相结合,弄清返混产生的工程原因以及对化学反应结果的影响,以便学生今后在过程开发中科学利用返混概念进行反应器评选和选择反应器设计方法。

6. 注重创新能力的培养

在面向21世纪的《化学工程与工艺专业培养方案》中,提出了培养学生综合素质与创新能力的目标。因此教学的焦点向创新能力的培养转化,如何培养和提高学生的创新能力,成为化学反应工程课程教学的重要内容之一。

教师教学中可有意用日常生活中的实例和反应工程学科的最新科技成果去引导学生,使学生身临其境去探讨和解决问题,对推动学生的创新思维,学好反应工程都大有益处。在组织课堂教学中,教师要用心去设计问题,不断设计一些趣味性问题,会对培养学生的创新思维有意想不到的效果。同时应鼓励学生在遇到问题时,应尽可能提出更多的设想，找到解决问题的最佳途径，不仅能使学生对所学知识融会贯通、解决问题游刃有余，也为其创新思维的培养起到一定的推动作用。

二、化工工艺

化工工艺学是一门非常重要的课程，主要是为了认真钻研原材料以及各种化工产品，具有较强的实践性。同时，化工工艺学涉及一些化工产品的生产工艺流程，科学技术的飞速发展推动了化工产品生产工艺的革新，化工工艺学的这一特征增加了教学工作的难度。因此教师应该结合实际需求，不断落实教学工作的革新，可从以下几方面着手。

（一）创建科学的翻转课堂支撑体系

传统教学方式已经无法满足教师的教学需求，因此我们需要不断革新教学模式，翻转课堂教学方式的出现能够较好地解决这个问题。翻转课堂教学模式并不是为了流程的翻转而翻转，也不是简单的录制视频，当然更不是对传统教学模式的颠覆，而是对传统教学模式的丰富和补充。在实施翻转课堂过程中，要根据课程、学情的不同，选择恰当的教学策略。

要想认真落实翻转课堂教学工作，首先应该协调好各方面的关系，教学工作的完成需要各方面的协调配合，还需要拥有稳定的教学平台。翻转课堂的实施需要信息技术的支持，这主要包括微视频发布系统、交互系统、统计系统、服务系统、管理系统以及师生可以上网的终端、稳定的网络宽带和大容量的服务器等。其次，学校要对所有的课程有统筹安排，同一天不能安排太多翻转课程。对于教师来讲，翻转课程所花费的时间和精力是普通课程的几倍，如果还有大量的非教学任务或者考核等，势必会影响翻转课堂的效果。对于学生来说，如果课后都是翻转课堂的任务，那学生的课余作业负担就会加重，同样也会影响学习效果。

化工工艺学的第一堂课的绪论部分可以采用翻转课堂的形成，先让学生学习，对化工工艺学有个大致了解，最重要的是第一堂课要激发学生的学习兴趣。同时要采取研究式教学和启发式教学，其中研究式教学是引入科学研究的思路和探索未知领域的方法。

（二）利用绪论激发学生的学习兴趣

化工工艺学课程是让学生了解化学工艺品的概念范畴、性能特点、分类、精细有机合成的任务、研究对象、所涉及的基础理论、单元反应及原料来源等，因此讲授好这一章节可让学生对该课程的特点、学习方法、内容、行业动态及今后的发展方向有更清晰的认识，使学生明白该课程与今后所从事工作的关系以及对国民经济发展的贡献。

在讲解中，教师可以采取理论联系日常生活实际的方法，有效激发学生的学习兴趣，如讲授精细化学品——批量小、品种多这一特点时，联系口红、面霜、润肤剂等化妆品以及药品（如氧氟沙星、红霉素等）等，让学生直观感受到精细化学品的特点；讲特定功能与专用性质时，需联系杀虫剂（有独特杀虫作用）、洗涤剂（有洗涤作用）、织物柔顺剂（有柔软平滑作用）、防晒剂（有吸收或屏蔽紫外线的功能）等实例；讲大量采用复配技术时，需联系配方洗衣粉、洗洁精、中成药、洗发香波等实例；而讲技术密集、附加值高时，则需联系昂贵的抗癌新药、电子用化学品、有机氟防水防油剂等。这些栩栩如生的实例可使学生明显感到课程的实用性与效果，无形中增加了学生的学习兴趣和求知欲，从而有利于提升教学效果。

（三）合理调控教学内容，突出重点

工艺是专业教学的一个重点所在，而教材中这方面的内容很多且很庞杂。为突出重点，对有代表性的工艺，如沸腾法制一氟苯、液膜法制十二烷基苯磺酸等，可以进行重点讲解以及课件演示，而对其他简单易懂的工艺则采取概括讲解或略讲，由学生自学掌握。这样有的放矢，既能突出教学内容的重点，又有助于学生重点掌握和突破，达到期望的教学效果。

（四）板书、课堂讲解与多媒体教学相结合，增加教学直观性，使知识易于接受

化工工艺学的理论课程与应用并重，其教学内容不仅涉及合成理论、机理，还涉及工业操作、应用工艺与设备等。因此课堂教学时，仅凭语言描述，难达到期望的教学效果。而多媒体教学，作为集声音、图像、

动画等三位一体的现代化教学手段，具有图文并茂、视听一体化等特点，因此将其用于本科生的精细有机合成化学与工艺教学过程，可使学生获取的信息量远大于单一的听觉刺激，且教学过程直白明了、形象易懂，也有利于学生对知识的接受。例如，讲解化学反应器——反应釜和搅拌器（如框式、锚式等搅拌器）时，用动画或图片方式给学生演示搅拌器的类型，既增加了课堂教学的直观性和生动性，使学生有身临现场、身临工厂之感，又可观察工业用大型反应器、搅拌器与实验室小型搅拌器等的异同，从而迅速记住教学内容。

多媒体教学信息容量大、图文并茂、趣味性强，但播放速度快，留给学生真正思考和记忆的时间短，这对初学或初次接触本课程的本科生而言，容易导致其吸收的知识点相对较少，特别是在学生记笔记速度跟不上播放速度的情况下，这种现象更为突出。因此，在教学过程中，对不适合用多媒体讲授的内容，采用传统板书授课效果更好。如讲授反应机理和有机合成路线的设计技巧时，用传统板书讲解每步反应所经历的实际过程。讲解中用箭头清楚地表示反应中电子对偏移的方向或亲电试剂亲核试剂进攻的方向、重排结果等，再结合教师的手势和语言描述，加深学生对该反应机理的理解和记忆，达到教学内容当堂消化的目的。

另外，在对本科生用多媒体进行授课的过程中，对重点内容放慢讲解速度，适当进行语言重复且辅之以板书，也可采取反问、提问、课堂讨论等方式以引起学生对有关内容的关注和重视，既能画龙点睛、突出重点，又能教学相长，获得理想的教学效果。

（五）教学与科研实践、工业应用相结合，提高学生的学习兴趣和创新能力

精细有机合成化学与工艺，作为一门实用性较强的课程，在其授课过程中将教学内容与工业应用、教学与科研实践、行业发展动态等相结合，既能扩大学生的知识面，又能增强学生的求知欲、应用意识与创新精神，使学生深切体会到学有所用，从而激发学习兴趣和积极主动性，提高教学质量。

如讲授非均相硝化（强放热）暂停搅拌对反应的影响时，联系瑞典化

学家诺贝尔所发明的硝化甘油等实例,可加深学生对该反应特点的理解,并容易让学生记住——骤停搅拌可导致相分离。这样再次搅拌时瞬间释放的大量热量积累,易导致反应过程失控而引起爆炸。讲解酯化反应时,可以穿插介绍磷酸三丁酯、柠檬酸三丁酯等增塑剂,以及近年来塑料瓶装饮料检出塑化剂的原因、国内外最新成果和行业发展动态等内容。而氟代反应除讲解卤代反应机理、影响因素外,还可以联系十溴二苯醚阻燃剂等生产实例。这些内容不仅牢牢抓住了学生的注意力,而且能明显增加学生的学习兴趣,激发其求知欲。

三、化工传递过程

(一)化工传递过程理论

1. 科学优化教学内容

化工传递过程的教学,应对照课程教学目标优化教学内容,导向学生能力培养。为了使化工传递过程课程的教学内容与课程目标相对应,教师可以将“运用化工传递过程及其强化的理论知识解决工程问题”作为教学脉络,以达成毕业要求为目标,优化教学内容,并将教学内容分为两个部分。

第一部分,教师在保证“三传”基本理论内容教学的基础上,可以弱化繁杂的数学演绎,注重化工过程中模型的建立和传递机理的分析;增设化工传递过程强化的教学内容,明确化工传递理论的应用;以化工工程实例或简化的工程问题为切入点,引导学生运用化工知识分析化工过程中的传递现象,将公式中的数学函数转化为化工过程中的技术参数,并运用数学函数和方程演绎结果,分析化工传递过程中的影响因素、调控技术参数及其过程调控规律。

如在对流传质内容的教学中,针对对流传质表面更新模型,我们侧重讲解物理模型建立的思想、物理模型转化为数学模型的思路和数学模型转化为数学语言(函数、方程)的方法及推导出的方程分析。在方程分析过程中,我们着重引导学生提取方程中对流传质系数,正比于表面更新速率的传质规律和机理,并导入超重力化工技术教学内容。例如:超重力设备由于填料高速旋转使得液体被剪切成液丝、液膜和液滴而导致相界面积大和表面更新速率快的现象，进而提高了相间传质系数和传质效率。让学生分析这一过程，明确指出，是高效超重力设备及其填料研制和超重力大小（转速）等化工设计和技术参数的调控，带来了如此显著的过程强化效果。由此，教师可以将理论方程中的数学函数转化为化工过程中的技术参数，培养学生运用化工传递知识分析和表达化工过程中复杂问题的能力，从而实现课程目标，达成毕业要求。

第二部分，教师在学生能够运用化工传递过程及其强化理论，分析和表达工程问题的基础上，可以引入先进的化工过程和设备，引导学生运用“三传”及其强化理论和相关公式，结合文献分析和研究，进行化工传递现象描述、传递模型建立及方程推导、传递规律分析、传递过程强化可行措施或方案设计以及预期强化效果论证，让学生体会“化工人”的职业道德和责任担当。

如在运用对流传质表面更新模型分析和表达超重力化工技术时，教师可以引导学生分析超重力技术由于表面更新速率加快和传质系数增大所带来的传递过程强化效果。例如相同处理量时，设备体积减小、液体输送能耗降低、提效减排、开停车维修方便等。通过超重力技术应用工程案例及其在提效、降耗、减排等方面的数据分析，让学生明确超重力过程强化对社会经济可持续发展的重要作用。让学生通过自主查阅超重力、反应精馏、超声、微波、微反应、等离子体等各种化工过程强化技术相关的文献，运用化工传递等知识进行化工传递现象描述、模型建立、方程推导、规律分析、过程强化措施和效果的论述，并针对各种化工问题提出过程强化可行方案，分析和讨论预期强化效果。

2. 灵活选择教学方法

化工传递过程课程具有理论性强、工程性强、类似性强和系统性强的特点，选择与课程目标相适应的教学方法，有助于学生毕业要求的达成。

针对教学内容中“三传”基本理论及其过程强化应用，教师可以采用翻转课堂和类比的教学方法，引导学生课前预习并进行问题前置学习，让学生运用连续性方程、运动方程、能量微分方程、传质微分方程等对化工过程中的技术参数进行表达,进而用于分析工程问题。

针对教学内容中层流和湍流原理、规律、数学模型和方程函数对化工过程中的流体流型、流速、质点能量和受力运动情况、传递过程及其强化的表达,教师可以选定化工工程实例和工程问题分析的教学内容,采用案例和讨论教学法,让学生在课堂上进行有针对性的分析和讨论,引导学生发现问题并进行判断和评价,以启发学生的思维,培养学生的分析能力和判断能力。

针对教学内容中流体流动边界层形成及其分离理论、流速和所受压力变化规律、边界层数学模型和边界层厚度等数学函数,教师可以采用情景教学法和问题驱动教学法,将化工过程设置在特定的情景中,对化工“三传”过程中的流体流动情况、能耗、阻力损失、传递过程及其强化进行表达,锻炼学生的临场应变能力和解决实际问题的能力,提高教学过程的感染力。

针对教学内容中化工过程涉及的传递过程,教师应以创新驱动能力培养为目标,融入绿色工程教育理念和内容。采用讨论法进行传递现象描述、传递模型建立及方程推导、传递规律分析、传递过程强化可行措施或方案设计以及预期强化效果的论述,通过随堂提问给学生创造主动思考和学习的机会,引导学生运用传递过程及其强化理论和技术知识,提出化工过程或化工设备优化、改进和设计方法;同时采用任务驱动法,选定典型和前沿的化工工程案例,让学生自行组队进行课后专题研讨,并在课堂上分组陈述和集体讨论,鼓励学生独立分析问题,引导学生运用传递理论知识分析和解决工程问题,激发学生的求知欲,加深学生对知识点的理解,初步培养学生的化工设计能力、创新能力和团队合作能力。

3. 利用现代化教学手段

在“工程制图及CAD”课程的教学中,由于总教学学时压缩,对教师的教学方法提出了新的教学要求。教师可以在多媒体教室中进行教学,充分利用现代化的教学手段,直观地将“画法几何与机械制图”“化工制图”课程的知识传授给学生。而“CAD绘图技术”部分的教学可在多媒体计算机实验室中进行，学生在教师讲授的同时可上机学习，师生均可及时发现学习中的问题，适时进行调整，让学生将学习由被动变为主动。

在一些专业课的教学过程中，为弥补学生对实际装置见识的不足，教师可以采取多种上课形式，并通过图片、视频等帮助学生掌握相关知识。与此同时，可以对作业、考试也注意方式、方法的优选，作业内容不局限于教材内、外，考试形式不局限于开、闭卷，而着重于“目的”是否合理，是否能够实现，使学生在学习知识的同时也掌握学习的方法。

另外，仿真教学是理论和实践之间一座新的桥梁，既是实践教学手段，也是实践教学内容。仿真技术在实验和工程实践教学中的大范围应用，改变了传统实验教学内容和手段，对于学生实现理论与实践的结合起到了重要作用。

仿真教学可以模拟真实的现场工艺过程，逼真地将枯燥的管道、阀门、调节器及分析仪器等化工仪器设备，形象地再现在学生面前，让学生看到真实的化工生产环境，以调动学生的学习积极性和主动性。这种互动教学的课堂氛围对学生学习兴趣的提高、知识的掌握大有益处。特别是目前大型企业大多采用DCS控制生产过程，仿真技术的学习对后续的生产实习、毕业实习工作奠定了较好的基础。

（二）化工传递过程实验

化工传递过程实验，以综合性、设计性实验为主，按照一人一组、独立操作的原则，在规定的实验题目下，由学生独立完成实验内容。在实验过程中，教师要积极引导学生独立思考，大胆提出自己的想法。如“乙二醇硬脂酸酯的合成”实验，教师首先可以讲授基本实验内容，然后和学生一起分析酯化反应的影响因素，同时介绍常用的酯化反应过程的监控方法等。通过这一系列的教学活动，加强对学生实验思路、实验设计及分析的引导，鼓励学生大胆提出自己的想法和实验方案。如有的学生选用对甲苯磺酸作催化剂，有的提出用固体酸或硫酸催化，有的学生采用出水量多少来监控反应过程，有的采用滴定酸值的方法来监控反应过程；等等。学生在6～8h的实验时间里，根据自己的方案，完成实验，教师以实验过程为主、结果为辅来确定实验成绩。这种灵活的教学方式，一方面提高了学生的实验动手能力，另一方面使学生对实验产生了浓厚的兴趣，变被动学习为主动学习，可为后续的实践环节奠定良好的基础。

第三节 专业延展课目教学的主要方法和注意事项

一、化工技术经济

化工技术经济课程教学可采用“工学结合，工学一体化”的教学模式。课程涉及知识面广，故要求授课教师熟悉化工生产工艺、化工生产管理、工程经济管理、企业经济管理以及税法、财会等相关学科知识。因此，对教师的要求比较高，教师需要不断提高自己的工程实践能力。

教师在备课时，要明确课程教学顺序、教学内容、教学方法、教学目的和学生学习知识的情况。教师只有通过课前的精心备课、课上得当的教学方法，才能高效地引导学生学习，激发学生的兴趣和提高学生学习的积极性。

在课程教学顺序上，教师首先需要用绪论引入学习化工技术经济学的目的和意义；其次精讲课程的基本概念、原理和方法；最后将理论知识与案例结合，着重于可行性研究、技术创新与改造、生产管理分析等内容的学习。

（一）激发学生学习兴趣和积极性

绪论讲解可以激发学生的学习兴趣和积极性，而明确课程的必要性是提高教学质量的前提。学生是学习的主体，激发他们的学习兴趣和积极性，可以让学习取得事半功倍的效果。在绪论教学上，教学素材源于教材，但又要超出教材，会加入最新的前沿科技或案例。其中，客观性的素材，可以让学生认识到课程的重要性，由此提高学生的学习兴趣和积极性，使学生自觉地由“要我学”转变成“我要学”。

（二）采用互动式教学

在学习化工技术经济学的基本概念、原理和方法时，可利用“角色转换”的教学方法，即由传统的老师向学生单向传授知识的教学模式，转变成以学生为中心的“半自助”教学模式。比如学生间的分组协作，选择某一个知识点以PPT的形式进行讲解，增强师生间、学生与学生间的学习互动，活跃课堂气氛，这样既可以提高学生的综合素质和课堂教学的参与度，又可以提高学生的学习兴趣和积极性。在教学过程中，遇到计算量大且难懂的知识点时，老师除了引用教材中的例子，也可以引入贴近日常生活的例子，这样更有助于学生了解和掌握现金流量、成本、费用等基本经济学原理和经济评价方法。

（三）采用案例式教学

在介绍化工技术经济学的具体应用时，纯粹的理论讲解枯燥乏味，教学效果较差。案例教学会更加具体生动，尤其是引入工程实践中具体的实际案例，可以很好地吸引学生的注意力，这就要求专任教师拥有丰富的工程实践经验。同样，在“半自助”教学模式中，教师可采用案例教学法，在课前给学生指定案例，通过小组协作收集、整合相关案例资料，及时引导学生撰写案例分析报告，讨论报告的优点与不足。案例的选择上须具有目的性、真实性、典型性、实用性和参与性。此外，要及时总结案例教学的方法，不断探索和推广适用于化工技术经济课程的成功案例，推进案例教学法的应用和发展。总之，利用案例教学法，可以极大地激发学生的学习兴趣和积极性，更有利于学生团队精神和创新竞争意识的形成，同时可培养学生的逻辑思维。

（四）重视计算机Excel软件的应用

在教学过程中发现，学生对运用计算机解决化工技术经济计算问题还不熟悉，尤其不会使用Excel相关的函数和公式。Excel是Microsoft办公软件的重要组成部分，能进行各种数据处理、分析和辅助决策等，并能根据需要输出各种数据图形。利用Excel强大的数据表格处理功能和函数功能，可以实现对化工技术经济计算问题中的观测数据的快速处理，既准确又方便。现在越来越多的单位要求毕业生精通Excel。因此，教师讲课时应抛砖引玉，做好示例，在讲授固定资产折旧、单因素与多因素分析、资金等效值计算、量本利分析、移动平均法、指数平滑法、回归分

析、净现值、内部收益率等内容时，可以采用Excel进行求解，加强学生的计算机处理能力，学会运用计算机解决化工技术经济计算问题。例如，计算资金等效值时，运用Excel中PMT、PV、FV三个函数就可计算资金等效值。因此，教师在讲授时必须详细地介绍PMT、PV、FV三个函数的定义、使用条件和意义，让学生们认真学习这些知识。

二、化工环保与安全

（一）理论教学

在现有教学条件下，教师可充分利用多媒体的技术特点提高化工环保与安全理论教学的呈现性和趣味性，以及多媒体课件的制作水平。在利用多媒体进行理论教学的过程中，应将文本与图片、动画、视频相结合，更贴近实际，更直观地展示授课内容。特别是动画和视频的使用，可根据所讲授的知识点，制作5分钟以内的短视频，使学生能集中注意力，在较短的时间内理解、记忆相关知识点。例如讲授废水治理相关知识点时，可利用视频、动画的形式将不同废水的产生、危害，以及在生产系统中的转移、治理、排放的全过程做成一个动画。将物理法、化学沉淀法、氧化法、生化法等各种废水处理的方法制作成视频，使学生直观了解使用各种废水处理的方法处理化工废水所需的水处理设备。同时结合文本、图片等形式讲授污染物迁移转化的途径与形式，以及各种处理废水中污染物的方法的原理，避免学生实习时走马观花的现象。

（二）案例教学

理论课堂上的案例教学有很强的互动性和实践性，能同时实现对学生知识目标、能力目标和素质目标的培养。在案例教学过程中，可精心选取与教学内容相契合的案例，再次呈现事故现场，有效提高学生学习的积极性和主动性。例如2016年7月27日宜兴化工厂的爆燃事故和2018年9月19日恒源煤化工公司发生的煤焦油储罐着火事故。在呈现现场的同时，通过小组讨论的形式，让学生利用所学知识分析讨论事故原因、事故前兆、事故对环境的危害、事故救援措施、避免二次事故的措施等。

从知识目标和能力目标方面来说,这样的互动式教学能让学生全方位地利用专业知识去分析问题,从知识的接受者转变为知识的输出者。一旦知识能够准确输出,说明学生已经掌握了相应的知识,具备了相应的能力,对所学的化工安全、环保方面的专业知识有了更深刻的理解。从素质目标来说,可提高自身的安全环保意识,从而在走向实际工作岗位后更加认真谨慎、负责担当,将素质理念继续输出。

(三)实践教学

化学化工类专业正面临着从"老工科"向"新工科"的转变,实践项目的研究必须面对新工科建设"新起来"的要求,进行实践教学体系的完善和改革。目前通用的化学化工类专业的实践课程设计主要围绕设计计算、绘图等工程设计训练,仍然侧重于主体生产流程,少有侧重于环保与安全的事件设计内容,没有很好地体现企业实践需求和学生发展需求。在实践课程设计的过程中,要结合理论教学、案例教学,进行"调研—设计—应用—反馈—修正—调研"的闭路循环探索,为学生量身定制实训实践课题,由教师和企业工程技术人员合作指导学生完成实践课程。同时,需要对实践课程质量进行监控,及时反馈,继续修正、完善实践课程设计内容。

在先修基础课程已经安排相关基础理论的实践、实验教学的前提下,化工环保与安全课程可以结合专业的工厂实习来实现差异化实践。让学生通过现场体验化工企业"三废"、化工安全隐患排查等实际工作,加强对理论知识的掌握。另外,可开展校内安全演习、急救演练、知识竞赛、技能大赛等仿真训练,这些也是对学生知识能力掌握的一次考核。

综上所述,教师在化工环保与安全教学中应将理论教学、案例教学和实践教学有机结合。在理论教学过程中,应注重运用现代多媒体技术加强教学内容的直观性和趣味性;在案例教学过程中,要调动学生的主观能动性进行案例剖析,鼓励学生的知识输出;在实践教学中,要结合理论教学、案例教学,进行实践教学内容探索,最终将安全生产、绿色环保的思想深植于学生的头脑中。[1]

(四)多样化教学

针对化工安全与环保课程的特点,考虑到学生的层次及特点的差异,在教学方法上进行了改进,进行多样化教学,使用的教学方式有:案例教学、导图归纳总结、视频讲解、课堂讨论与课堂展示、问题引导和现身说法等。如在现身说法教学中,主要是根据教师本人在化工安全与环保方面的经历,运用自己实际遇到的问题及案例和解决方法来进行讲解,更易引起学生的共鸣。如课堂讨论与展示中,给学生布置一个5分钟的展示讲解。这就要求学生查阅、整理相关资料,并熟练讲解。在完成任务过程中学生能够了解、学习到更多关于环保与安全的知识,同时培养了查阅、总结和表达能力,提高了学习的积极主动性。

①王岳俊,王秋卓,王彩虹.化工环保与安全课程教学内容及教学方法探析[J].教育教学论坛,2020(41):271-272.

第二篇 化学工程与工艺专业教学实践

第五章 化学工程与工艺专业的教学准备与教学设计

第一节 基础原理课目教学的教学准备与教学设计

一、无机化学的教学准备与教学设计

(一)无机化学理论

无机化学理论的教学准备与设计可以采用微课程的方式,从以下几方面进行。

1. 微课程教学设计

在原有课堂教学设计的基础上,以无机化学教材知识点为单位进行微课程知识点的教学设计,每个知识点的教学时间设计为15分钟。

2. 微课程教学课件

依据微课程教学设计,完成相应的教学课件开发,每个教学设计配一个教学课件。

3. 教材微课程视频

在微课程教学设计和课件的基础上,完成以知识点为单位的教学微课视频,每个视频的教学时间为15分钟,每个教学设计对应一个教学视频。

4. 重难知识点讲义

根据教学经验,教师可以对所有知识点进行甄别,找出重难知识点,对重难知识点进行讲义文本开发,更加详细地说明和解释重难知识点,并针对教学重难点和预设学生可能有疑问的知识点,进行教学设计。

（二）无机化学实验

实验教师肩负着培养合格化学人才的重任，教师各项基本任务的中心思想是为培养和发展学生的全面能力而服务，实验指导的基本原则是启发诱导。实验教师的主导作用，应体现出积极引导与悉心指导相结合、严格要求与耐心教育相结合、加强基本与鼓励创新相结合。为胜任这些艰巨而光荣的任务，教师必须不断加强自我素质修养。

1. 实验准备

实验准备，就是指在学生实验前教师应做的实验准备工作。它是实验的第一个环节。实验准备包括三个方面的工作：一是教师本人为了较熟练地掌握实验的内容，需要做好本实验的操作试验，称为教师的预备实验；二是为了使学生的实验操作顺利进行，教师事先要做学生的实验来检查所用药品和仪器的完好程度，称为用品检查；三是指导实验的教师应进行集体备课。

2. 预备实验

所有学生将要完成的实验，教师要先认真、系统地做过。教师可以集中一段时间做数个实验，也可以在学生实验课前做好每个预备实验。教师预备实验的要求有如下方面。

一是对于初次指导实验的教师，要按照实验教材的内容，对每个实验进行系统操作；对于非初次指导实验的教师，对于某个往年曾经指导过的实验，若其内容或条件有所变动，还要根据变动的情况，做好该实验的预备实验。对于实验中需要修改的地方，或可能出现问题的地方，或有争议的地方，应该反复操作，进行对比，以求得较正确的结果。

二是做完每个预备实验，教师都要认真写实验报告。要查阅与实验有关的参考文献和手册，收集有关的资料和数据。要估计实验中可能出现的问题，考虑如何进行组织教学（如提问、示范操作、讲解内容等）。

3. 用品检查

当某个实验的准备工作基本完成后，在学生进行正式实验之前，教师需要对学生用的主要仪器和各种药品进行必要检查。有的学校把这项工作交给实验员进行。但是为了更有把握，指导本次实验课的教师最好在课前进行检查。检查的内容包括以下方面。

一是公用仪器是否齐全,称量和测试仪器是否正常。有这样一个案例,在一次实验中,对于酸度计,教师事先没有逐个仔细检查,当学生使用时,发现某台酸度计很不稳定。在场的教师以为酸度计受潮,经过吹风、烘干等处理,发现它还是有问题。这样一来实验时间已过去了一半,极大地影响了实验的进度。事后经检查发现是玻璃电极发生了老化,酸度计是正常的。

二是使用的药品是否合乎要求,所配的试剂是否可靠。这方面的检查工作,最好通过实验来完成。有这样一个教学案例,学生在作"化学反应速度"的实验时,反应溶液不能出现正常的蓝色。当场经重复实验,找不出原因,重配了几瓶试剂,也不能解决问题。最后这桌学生的实验,只得隔天进行补做。事后发现,原来是化学物质已经久置分解,所配溶液pH<3。

4. 集体备课

同一个实验,或同一项基本操作,对于不同的班级应该有统一的要求。实验课的质量,学生实验技能的培养,不但跟每个教师的辛勤劳动有关,而且与各位指导教师(包括实验员在内)的团结协作是分不开的。集体备课,就是要起到统一要求、密切配合、充分发挥集体智慧的作用。

集体备课,由全年级的实验指导教师一起参加,实验员有时也要求参加。可以定期讨论一个或数个实验。可以采取每两周备一次课,每次备课,可由一个教师较详细地提出本实验的重要内容、操作要点、注意事项、组织教学、实验效果和问题讨论等项目的基本要求。然后展开讨论,统一要求,便于分头准备。根据各教师的实际能力,可以应用不同的教学方法。在备课会上,要及时总结前面已做过的实验,作好记录,积存资料。备课后,对有关实验内容需要摸索条件的,可共同做预备实验。

二、有机化学的教学准备与教学设计

下面以"FC"模式的教学为例,探讨有机化学教学的教学准备与设计。

"FC"模式是一种新颖的教学模式,主要是指学生在家里看视频代替老师的课堂讲解，而学生在课堂上主要把各自的精力集中在作业的完成以及与老师和其他同学的交流上。我国的曾贞、张金磊等学者分别在前人的基础上，结合自己的教学实践，构建了各自的“FC”教学模型。总结前期的“FC”教学模型，他们主要关注课前学习和课堂学习两部分，对于课后的持续学习关注较少。

教师可以借鉴众多学者的观点，构建适合大学实验教学的新型“FC”模型，该模型充分考虑有机化学实验的具体特征，在保留课前学习和课堂学习两部分外，创新性地通过第二、三课堂将课后学习有机结合起来，进行有机化学实验教学实践，从而达到激发学生积极探索和验证自己亲手设计的方案的热情。

（一）课前教师准备学习资源

教师首先制作与教学内容有关的学习资源包，制订教学计划，组织微视频资源，然后发布学习任务单，供学生课前自主学习。

（二）课前学生自主学习

学生获得学习任务单以后，按照任务单上面的内容进行逐一解读，将有疑问的地方标出。学生之间可以相互讨论，也可以向高年级学长们请教，如果仍然无法解决，就将问题通过班级QQ、微信、邮箱等途径反馈给老师，从而获得及时、清楚的解答。这种方式的好处在于学生实现了个性化的学习，并可以根据自己的情况自主性地选择学习时间，不受场所的约束，只要有电脑等电子终端，即可随时随地学习；同学之间、师生之间可以相互沟通，而老师能够在充分了解学生预习和学习的基础上，实时地调整实验教学进度以及制订更加有针对性的课堂教学计划。在这个过程中，传统的“灌注式”“保姆式”实验教学模式被彻底翻转，实现了由“教师灌输—学生接受”向“学生自主学习—发现问题—教师引导解决问题”的自主转化。[①]

三、分析化学的教学准备与教学设计

分析化学是高等院校的一门基础课程，是化工、资源、环境、材料、生

①邹晓川，王存，石开云，等. 基于FC模式的有机化学实验教学设计及应用研究[J]. 西南师范大学学报（自然科学版），2015(9)：236-237.

物等相关专业核心课程的理论基础。在互联网教育背景下,为激发学生学习的主动性和积极性,提高教学质量,教师利用"雨课堂"("雨课堂"是清华大学于2016年推出的智慧型教学工具,借助"雨课堂"教学平台,可有效管理课前—课中—课后的每一个环节,能够全面提升课堂教学质量,增加师生互动,实现以学生为主体的个性化教学)教学平台,对分析化学课程进行教学设计,构建"以学生为中心"的"线上—线下"混合式教学体系。

基于"雨课堂"可以进行以下分析化学教学设计。

(一)建立"雨课堂"课堂环境

教师和学生通过微信关注"雨课堂"公众号,按照界面提示完成身份绑定(填写学校、姓名以及身份等详细信息)。教师进入"我的课程"界面,即可在"我教的课"中找到相应的课程名称("分析化学")、开课学期、教学班级。电脑端打开PPT,在工具栏处可看到"开启雨课堂授课",点击登录后即可进行"雨课堂"线上授课。对于没有信息匹配的教学班级,也可以按照提示创建新的班级和具体课程,学生可以通过扫描二维码或输入邀请码的方式进入班级。

(二)设计教学内容

根据"雨课堂"课件要求,制作相应课件,编辑课件时可以使用PPT所有功能。按照学习目标、课前预习、重难点和知识点四个模块编辑预习课件。必要时教师还可以对相应课件添加语音讲解、图片或动画等,以便于学生更好地学习。例如:"滴定分析概论"这一章,内容相对简单,理解较容易。此时,可将大部分内容作为学生自学项目(一、滴定分析法的过程、术语特点;二、滴定分析法对滴定反应的要求;三、几种滴定方式),并附相关习题。

授课前,教师可以将与自学内容相关的慕课视频、语音讲解及习题等推送给学生,留出充分的时间供学生观看慕课视频、预习知识点并完成相关预习作业。预习题设置的难度较低,多数内容为教材原文,不需要太多的推理及运算。随后在授课前浏览学生的预习情况,可根据学生自学内容的反馈,及时调整教学内容。如在下节课,对学生掌握较好的部分，可不再进行讲解，对反映出的问题和学生反馈的重难点进行详细的讲解。

四、物理化学的教学准备与教学设计

由于物理化学理论课程涉及大量的概念、公式、基本原理、原理应用等方面的重难点知识，教师可以加强“问题式”教学和“探讨式”教学在本课程课堂教学环节的应用，强化教学过程中的问题导向和“温故而知新”的教学方式，促进学生在理解的基础上更好地掌握相关知识，提高学生对基本概念、基本原理和基础理论的实际运用能力。在教学改革中，通过“现象—问题—温故—探讨—知新”模式进行层层推进，实现从“回忆—交流—探讨—演绎”到“归纳—理解—掌握—拓展”的过程，最终阐释问题的本质，使物理化学成为“悟”理化学，以下是两个物理化学教学设计案例。

案例1：表面张力及表面吉布斯自由能

[现象]将啤酒、可乐等饮料倒入玻璃杯和纸杯，通常在倒入纸杯时，产生泡沫或气泡的速度更快、更多、更剧烈。

[问题]为什么会有这样的差别？

[温故]这里面包含了典型的物理现象和过程，因此产生现象上显著差异的关键在于玻璃杯和纸杯内壁具有不同特性，即杯子的内表面不同，引出界面、界面现象、表面、比表面、表面化学的概念和研究内容及研究方法（主要知识基础为无机化学课程和物理化学课程已学内容）。

[探讨]将表面现象用热力学部分所学知识进行研判和预测（化学势判据等）。

[知新]引出表面功、表面吉布斯自由能、表面张力等概念，并对表面热力学的基本公式进行推导，最终探索表面张力的影响因素和表面现象的本质。

案例2：稀溶液的依数性——渗透压

[现象]自然界中，有的高大树种可以生长到100米以上。如我国云南省西双版纳傣族自治州的望天树（课件配相关图片）。

[问题]能够从地表供给树冠养料和水分的主要动力是什么？

[温故]可能动力来源有因外界大气压引起的树干内导管的空吸作用、树干中微导管的毛细作用等。

[探讨]适当引入相关计算,结果表明,外界大气压引起的树干内导管的空吸作用能吸起的水柱最大高度为10.3米左右;树干中微导管的毛细作用能吸起的水柱最大高度为30米左右。

[知新]引出渗透压的概念及产生渗透压的内在本质,推导出稀溶液渗透压的计算公式,并进一步进行理论升华,同时对渗透、反渗透等知识的应用进行拓展。最终对问题进行回应,即渗透压可以达到几十甚至几百个大气压,使树内水柱高达100米以上。

类似的来源于日常生活和科学研究的案例比比皆是。通过以上的教学设计,让学生觉得通俗易懂、顺理成章,同时也可以让学生形成良好的观察、思考、理解生活和科研工作中的物理化学现象的习惯和兴趣,收效良好。

通过类似的教学设计,教师可以让学生在理论课堂上时刻都能感受到物理化学与日常生活、科学研究以及已修无机化学、有机化学、分析化学等基础课程息息相关,减弱了学生对物理化学课程的陌生感、学习恐惧感和抵触感,将学生从单纯、枯燥的概念、原理讲解和公式推导、大量计算应用中解脱出来,将物理化学课程的学习演变成现象解释以及先行基础课程的回忆(温故)、总结和升华(知新)。运用大量生活中的物理化学现象阐释物理化学的基本原理,探索现象蕴含的本质,不仅丰富了课程教学内容,同时让学生感受到物理化学的亲切感和现实感,进一步激发学生的学习兴趣,增强学生学习物理化学的信心,缩短学生学习物理化学课程的适应期。①

五、高分子化学的教学准备与教学设计

对于高分子化学教学,教师可以将“翻转课堂”教学理念作为指导,构建高分子化学“翻转课堂”结构模型,将其应用于教学当中。课前学习环节设计主要包括以下几方面。

①叶旭,李娴,张亚萍,等.物理化学教学方法和考核体系的改革与实践[J].广州化工,2018(17):122.

（一）建设基于互联网的高分子化学学习资源平台

设计规划高分子化学课程教学资源，建设以互联网为依托的智能化高分子化学学习资源平台。有了该学习平台，学生能利用任何终端设备随时随地获取形态多样的高分子化学学习资源，并能通过该平台，就课程学习过程中遇到的问题以及学习心得进行交流。

（二）设计制作高分子化学课程教学视频

根据学生的需求，基于高分子化学教学大纲和考试大纲，设计高分子化学课程体系，确定教学范围，预先制作学生必须学习、使用的课程视频（学习资源），其中最核心部分是课程微课视频，然后把预设的学习资源上传到互联网高分子化学学习资源平台上。课程视频既可以是聘请的大师、名师的授课录像（制作成微课视频），也可以是互联网上高分子化学网络开放教育资源，如哈佛、耶鲁等著名学校的慕课课程、国家开放大学课程及大学公开课等。

（三）设计课前练习实践活动

考虑到学生的认知结构差异和高分子化学中每个学习章节的具体要求，教师应设计适当数量和难度的练习。同时，考虑到高分子化学的特殊性，还应设计一些应用实践活动，如将工艺过程（如反应温度、压力、催化剂等）和产物性能等与高分子化学的概念结合起来设计活动，并要求把练习、实践活动上传到高分子化学学习资源平台上，通过短信、微信、QQ以及校园网等发布教学计划公告。

（四）观看课程视频

在教师的协助下，学生在课下（课前）自主观看先期制作的教学视频。同时，学生们可以借助高分子化学学习资源平台，时时与教师和同学互动互助，协同解决课程学习过程中遇到的问题，交流学习心得。

（五）开展课前练习活动

在观看完课程教学视频之后，学生应完成教师为课程学习预先设计的练习和课题，并开展相应的应用实践活动，以巩固所学的知识内容。同时，借助高度智能化的高分子化学学习资源平台，与教师和同学互动交流，探究课前练习和实践活动中遇到问题的解决方案。

（六）课堂学习活动环节设计

1. 评价课前学习环节学习成效，确定课堂探究问题

基于学生微课视频学习和课前练习活动情况的汇报和自我评价，对学习过程和学习结果进行综合评价，确定既具有普遍性又有价值的课堂探究问题，设计相应的课堂学习活动，营造协作化探究式的学习氛围。

2. 自主解决问题

自主解决问题是学生应具备的基本素质，是学生开展独立学习、进行自主创新和培养主动探究精神的前提和基础。在开展课堂学习活动时，学生应根据自己的学习兴趣和对课前所学知识的掌握情况，从预先确定的课堂探究问题中，自主选择适合自己的探究问题，独立探索、积极思考、自主解决问题，进而有效内化所学的知识。

3. 学习成果展示

学习成果展示在课堂上进行，其主要形式包括PPT演示、报告会、辩论会、知识竞答、考试等。在展示、交流之后，老师和学生分别进行评价、打分，并作为展示者形成性评价的一部分。

4. 整体学习成效评价

课堂学习活动结束之后，要对学生在高分子化学“翻转课堂”中的整体学习成效进行评价。评价内容包括学生的自主学习能力、互助协作能力、组织管理能力、个人时间管控能力、表达能力等。高分子化学“翻转课堂”学习成效评价，一方面可为教学计划的制订提供决策依据，为下节课的探究任务、项目设计提供支撑；另一方面能鼓舞、激励学生。

高分子化学“翻转课堂”的教学设计，改变了传统的“以教师为中心”的教学模式，使学生有效内化了所学的高分子化学知识，积极构建知识体系。同时，有效增强了课堂教学效果，提高了学生学习效率。

第二节 实践应用课目教学的教学准备与教学设计

一、化学反应工程的教学准备与教学设计

化学反应工程作为高校化工专业学生的一门重要专业课程,建立在物理化学、化工原理等专业基础课之上。大多数学生觉得该课程抽象难学,主要原因在于该课涉及大量数学模型的建议、理论的推导以及高等数学辅助计算。化学反应工程教师应不断探索授课方法,化繁为简,努力提高教学质量,可以从以下几方面进行教学准备。

(一)精心准备教学课件

首先,利用现代先进的多媒体技术将声音、图形、动画、视频等信息有机结合起来,通过直观的教学形式来调动学生的学习积极性;其次,每次新课导入之前,教师应适当补充学科前沿知识以吸引学生注意力,激发学生的学习兴趣。比如在讲到反应器的类型时,可以先引入当前新技术——微型反应器进行介绍,还可将微型反应器带到课堂上给学生展示,让学生边看边了解微型反应器的特点(如流体流动、混合特性等);在讲授催化剂组成时,可以导入纳米制备技术,例如从热门话题石墨烯入手,讲授该材料的特点,以此来开拓学生的眼界,提高其学习兴趣;还可以介绍一些交叉学科,如生化反应工程、精细化学品反应工程、环境反应工程、催化反应工程等,进一步加深学生对化学反应工程的印象,引起学生重视,提高其学习的兴趣。

(二)潜心设计板书

动力学内容中涉及大量数学公式推导,但是学生的数学基础良莠不齐,若只用课件进行教学,有些学生思维难以跟上,影响学习效果。在实际教学中,除了结合多媒体教学手段外,内容合理的板书也对学生熟练掌握重难点知识起到关键作用。教师可利用板书逐步将学生带入公式推导过程中,循序渐进、由浅入深,更能加深学生理解并深刻记忆公式。

学生边听老师讲解，边看老师现场演示公示、模型等的推导，有助于加强师生间交流互动，有利于活跃课堂氛围。

（三）用心开展教学设计

教师可以利用每次课前5%的时间复习和回顾上节课的主要内容，帮助学生进入化学反应工程的课堂角色；随后利用80%的时间讲授新内容；最后利用15%的时间进行分享互动和答疑。在授课前，教师可以准备丰富的科研案例（如合成氨、制氢、催化裂化等著名的工业案例及在研项目案例）及学术会议见闻等资料，针对每个案例从“过程”讲起，将工程与工艺相结合，甚至工程、工艺、产品三者相结合，引导学生进行思考，激发学生的好奇心和志趣。

二、化工工艺的教学准备与教学设计

随着社会的进步，需要学校向就业单位输送更多的技能型人才，因而传统教学、应试教育已不能满足当今职业教育的发展需求。化工工艺专业是一门重要的专业课程，部分学校学生文化基础薄弱，学习积极性不高，在枯燥的专业课中很容易产生厌学情绪，从而不能掌握相应的专业知识和技能。由于专业知识的课程结构有所不同，对于工艺专业理论知识而言大部分学生缺乏认识，加之实操练习与理论知识分离的教学方法，阻碍了学生对实践操作能力的培养以及基础理论知识的理解。相对来说，“理实一体”的教学方法不仅符合学生的认知水平，也符合学生的学习习惯，而且它能将理论的领悟与技能的掌握联系起来，有利于学生技能和知识水平的培养。教师可以采取模块教学与一体化教学相结合的方式，对化工工艺课程进行教学设计，可以从以下方面提高教学设计质量。

（一）把握基于一体化教学模式的化工工艺教学特点

“一体化”教学是以实践的形式对理论知识展开学习，或是理论学习结束后对所学内容进行直观的实践操作训练，将理论知识融入实践过程中，实现教、学、做的有机结合。通俗来讲，它就是将理论与实践相结合，在教中做、在做中学的教学模式。即坚持实用性原则，以技能培训为核心，充分利用教学资源，建立理论教学与实际操作相融合的教学模块。

“一体化”教学模式主要采用行为导向教学，它所强调的是为了实现学习目标而展开的主动行为，个人或小组通过积极主动、全面和协作的方式来学习。它的特点是突出实操技能的主体地位，围绕职业技能培训的大纲，确定理论教学目标和教学内容，合理规划教学进度，建立教学环节，理论教学全面服务于实操训练，在注重操作的同时也更加强调学生的主体性。这一模式在实际教学过程中的应用，使得理论教学与实践教学更好地衔接到一起，增强了学生的感性认知，充分体现了学生在教学中主动参与的作用，有助于提高教学质量，为培养高技能人才打下坚实基础。

“一体化”教学是一种将实操与理论相结合的教学模式，也是教师在理论知识、操作技能和教学能力上的整合。在这一过程中，教师既是组织者，又是帮手和发掘者。随着社会和信息技术的发展，教师的教学模式已从单纯的传授知识逐渐转变为多元化知识的应用和实践能力的培养。在化工专业的教学中，教学模式也应该是理论打基础，然后再实践，或者是一边理论一边实践，即运动与静止相结合，这也符合理论与现实相结合的教学模式。因此，在课程理论教学中，教师必须首先放弃简单的“填鸭式”和“说教式”教学模式，在合理教学组织的基础上教授知识和发掘潜能，在学生的学习实践中，真正体现学生的主动性。这样，学生在学习过程中进行知识再现，整合繁杂的信息，从而形成自己新的经验。当这些新经验与课本上或者老师的旧经验不能相互融合时，它们就会相互作用、相互转化，最终形成一种新的信息被学生认知。只有通过不断将理论付诸实践，再将实践经验转化为新的认知，我们才能最有效地培养学生的认知能力，并提高他们的实操水平以及专业素质。

（二）做到“教、学、做”合一的一体化教学设计

化学仿真实训室可以通过形象、简单、安全、经济、有效的化工操作模拟技术，对化工生产实际操作进行实操训练和模拟操控，重现实际生产过程实施的动态性。让学生不仅可以很好地了解生产实践，还可以重复操作练习，更全面、更具体、更深入地了解不同的化工生产操作，提高

学生的专业应用技能。专业课程把包括项目教学、案例教学、多媒体教学、化工单元操作综合实训、化工仿真操作、企业参观实习等在内的多种教学方法结合到一起,并将专业知识学习与素质教育融为一体。突出实践能力,以培养具有基本专业素质和技能的学生为目标,合理设计教学实习等教学环境,加强对学生动手能力的培养,通过“一体化”课程的开展,探寻学生在校学习与实际工作的一致性。

(三)将化工仿真实训与化工工艺理论相结合

从安全性的角度来看,有时参观工厂或实习的风险很大。例如,合成氨和甲醇合成工业通常伴随着高温、高压、腐蚀性、毒性等。因此,我们主要使用购买的化工生产操作模拟软件进行课堂模拟训练。软件模块各工艺参数全部使用真实工厂数据作为参考,工艺流程、设备结构和自控方案都很实用。学生通过模拟实操训练来体会理论与实践的联系,提高分析问题和解决问题的能力。

(四)将化工单元操作实训与化工工艺理论教学结合

为了全面提高化工专业学生的专业素质,我们还在理论教学课堂上组织学生编写实训(预习)报告。化工单元操作实训是了解、学习和掌握化工行业生产中常用单元操作方法的重要实践环节,它可以解决化工单元操作问题,具有明确的工业背景。教师应要求学生以实训室现有的设备为基础,与理论课本上某一生产工艺结合,以掌握与实训装置相关的操作方法为前提,用现有知识和查阅的文献资料等来完成实训(预习)报告的编写。

(五)基于一体化教学模式的教学设计方法

对于具体的教学环节的设计,由专业课教师根据课程模块要求,以任务驱动的合作学习模式组织课堂教学。先进行课前准备。事先将学生分组,每个小组组成一个团队,每个团队都选出队长,设计各自的队名、对标、口号,以团队竞赛的形式,展开学习体验。另外,提前一周将课前学习任务书、PPT课件、教学视频、网站资源上传发布到班级QQ群,同时利用QQ、微信与学生交流答疑。在课堂教学中,要结合学生的实际,一般可以按照下面的方式设计教学环节。

1. 导入新课,答疑解惑

组织各学生团队用不同的方式喊出自己的口号,这调动了学生的上课情绪,快速吸引学生的注意力。紧接着,进入有效互动环节:晒一晒、比一比、聊一聊。学生展示课前对实训装置工艺流程及投运步骤的学习情况。把自己未理解的知识点,和老师进行探讨,并做必要的记录。这一环节的意图是检测课前学习效果,强化巩固知识点。

2. 成果展示,经验分享

该环节请学生进行工作情景的角色模拟,各个团队进行操作展示和操作经验分享。这和前面的环节相互呼应形成一个整体,通过前面的学习学生能在短时间内完成。这一过程既充分调动了学生积极参与的热情,又让学生切实发挥了专业能力,使教学目标的预期成果有了一个基本的保证。①

三、化工传递过程的教学准备与教学设计

下面以微助教平台的教学模式为例,探讨化工传递过程的教学准备与设计。

借助微助教这个平台,教师可以构建化工传递过程基础课程的网络教学资源库。具体包括:教学课件、课堂习题、课后作业、习题答案等。

在微助教中完成教学资源的上传之后,教师可以借助微助教的课堂互动特点与统计的便利性,结合沉浸理论,形成化工传递过程基础课程经验值积分体系。这一体系使学生能在上课的同时拥有一种类似网络游戏的体验,可以提高学生的学习兴趣,进而加强课堂教学效果。具体实施方法如下。

整个课程的经验值积分体系包括:课堂签到、课堂习题、课堂抽答与抢答、课后作业、分组任务、小组互评和经验值加成。利用微助教的签到功能,可以有效避免学生代签,并且根据签到的先后顺序进行赋分,签到越早积分越高。课堂习题可以根据题目的难易程度,对每一道题进行相应赋分,通过微助教的统计功能对所有同学的答题情况进行实时统计。

①方国庆. 一体化教学在化工工艺教学中的实践探索[J]. 云南化工,2019(7):196-197.

学生在手机客户端可以获得分数信息,并在授权后看到正确答案。而对于一些具有挑战性的课堂互动题目,则借助微助教设置抢答和抽答环节,给予认真听讲和掌握情况较好的同学争取更多获得积分的机会,营造课堂上力争上游的学习氛围。

课后作业的经验值积分分为两部分。其一是根据作业提交的早晚进行赋分,鼓励大家及时完成作业。其二是根据作业的完成情况进行打分,客观地评价学生对课堂知识消化吸收的成果。在课程教学进行到一半的时候,学生已经对本门课程有了一定的了解,此时根据学生已获得的经验值积分排名,选择前四名的同学担任组长,由组长轮流挑选组员,从而对整个教学班级的同学进行分组,并下发分组任务,由各组成员合作完成。分组任务的经验值积分分为三部分:完成速度、完成情况、小组互评。其中,小组互评的积分通过微助教来实现;完成速度和完成质量的得分,根据各个小组的具体完成情况相应打分,并计入积分系统。这一环节的设置,不仅营造了各小组之间一种相互竞争的学习环境,也是对组内成员的团队合作能力的一种培养。

为了提高学生参与积分体系的积极性,设置了经验值加成环节。对于在课堂互动以及分组任务过程中表现优秀的同学进行积分奖励,实现排名的跳跃式上升。这一环节带有一定的偶然性和趣味性,意在激发学生的学习热情和参与度。在实施过程中,当这一环节与课堂抢答或者随堂测验相结合时,课堂气氛将会十分活跃。

第三节 专业延展课目的教学准备与教学设计

一、化工技术经济

近年来,化工技术经济课程因受工程教育专业认证和全国大学生化工设计竞赛的影响,受到化学工程与工艺专业建设的普遍关注。《工程教育专业认证通用标准》中明确提出,学生应“理解并掌握工程管理原理与经济决策方法,并能在多学科环境中应用”。化工设计竞赛中的可行性研究是化工技术经济课程的核心内容。基于此,国内开设化学工程与工艺专业的院校,将化工技术经济课程逐步列入限定选修课、必修课,甚至专业基础课的课程体系中。各院校希望通过这一课程,使学生够能运用技术经济学的基本理论、基本方法、基本技能及其在项目前期的决策和应用,对项目的资金筹措、财务评价、国民经济评价、不确定性分析及风险决策等有一个系统的评价,掌握对项目的可行性研究及管理的基本原理,以达到能对具体化工项目进行公正、客观、合理、准确评价和管理的目的,培养学生作为工程师必备的素质和能力,具备在复杂化学工程活动中运用经济决策方法的能力。

下面基于在线课程的教学方式,分析研究化工技术经济教学设计的基本原则。

(一)简化课程内容

在线课程的内容设计应遵循认知负荷理论,降低学生的内在认知负荷。因此,应该注意以下两点:一是课程结构要连续,颗粒度要小。在课程设计中,应遵循模块化原则,课程内容小模块呈现,每个模块只讲1~2个知识点,每个知识点在5~10分钟。知识点不能随机划分,以免破坏课程的系统性。二是添加必要的说明,在学习中对于特定的或不连续的内容,要添加说明,减少学生不必要的猜测,从而降低认知负荷,更好地理解课程内容。

(二)充分利用媒体资源

媒体资源丰富生动,可以让我们把“看不见、摸不到、进不去、难再现”的内容充分展现出来。如在介绍化工技术经济这门课程对经济的影响时,引入网络媒体资源,分析新型冠状病毒肺炎疫情对经济的影响,增加学生的学习兴趣。

(三)课程建设需不断更新

更新并不是指所有的视频内容都要重新拍摄制作,而是将随着学科研究的发展,行业职业的变化,教师和学生对内容的不断探究总结而产生的新的资源补充进来。

（四）重视师生、生生互动

互动活动是在线课程中的重要组成部分，高质量的有效多边互动是激发学生学习兴趣的催化剂。在虚拟的环境中，时间和空间上的分离是师生之间无法逾越的鸿沟，所以教师要高度重视师生、生生交互的设计，积极促进师生、生生之间的交流，大量使用互动以提高学生的参与度。交互的设计可以通过话题讨论、知识点答疑和即时互动等多种方法实现。

二、化工安全与环保

以下以案例教学为例，分析化工安全与环保的教学设计。

案例教学通过筛选典型的事故案例，结合图片、视频、调查报告等资料，引导学生运用所学知识对实际案例进行分析和讨论，从而实现一定的教学目标。案例教学对于安全环保意识的培养具有重要作用。例如通过引入一些实验室的爆炸事故案例，可以让学生直观感受到化工实验室潜藏的危险就在身边，增强学生的安全防范意识，引导学生在做实验时遵守实验室安全规章制度，注重个人卫生防护。通过对事故原因的分析，引入粉尘爆炸等相关知识，增强学生的安全意识，提高学生对危险源的辨识能力。

以案例为中心，教师可以有效地整合课本碎片化的知识，从而形成来源于实践的知识体系，提高学生处理复杂问题的能力。以“火灾、爆炸及防火防爆技术”的相关内容为例，课本中涉及这一部分的知识比较分散。如果按章节顺序教学，会有部分内容重复，且知识点之间缺乏联系，学生学习起来难免会感觉枯燥，注意力不够集中。如果采用案例教学的方法，可以在介绍案例的同时，将相关知识点融入其中。按照事故发生的时间顺序，经过一定的引申，将大部分的知识点概括成一个完整的体系。

例如，在介绍曾经的事故起因（仓库存储的硝化棉自燃）时，可以顺理成章地引入“自燃物质”“自燃”“自燃点”等相关概念，然后引申出易燃物质的性质及特征。通过总结事故发生到扩大过程中所涉及的危化品（包括氢氧化钠、硝酸钾、硝酸铵、氰化钠、金属镁等多达129种），引入相关的国际国内标准，如《危险货物品名表》GB12268—2012、GHS全球化学品统一分类和标签制度。在事故案例分析部分，可以让学生从工厂负责人的角度分组讨论“如何避免类似事故的发生”，以培养学生分析、解决实际问题的能力。

以案例为中心的教学设计，首先可以通过一个案例，将涉及的知识点有机融合在一起，让学生对知识点有直观的了解，有助于对相关知识的理解；其次，将知识点系统地结合在一起，可以培养学生系统的思维方式和解决复杂问题的能力；最后，可以结合视频、多媒体资料，增加小组讨论等环节，有效增加学生的学习兴趣，培养学生自主学习和创新思维能力。[①]

①涂军令，张刚，何运兵．新工科建设背景下化工安全与环保课程案例教学实践[J]．广州化工，2020(10)：185-186.

第六章　化学工程与工艺专业的教学实施

第一节　基础原理课目的教学实施

一、无机化学

现结合翻转课堂的教学模式，分析无机化学的教学实施环节。

翻转课堂教学模式中，学生的主要学习方式由原来的课堂学习变成了课前的个人学习和小组学习，而传统模式中的课堂教学时间变成教师答疑、考核以及学生巩固完善的时间。这样不论是教师还是学生，均投入了更多的时间与精力，可促进教学的有效性。在此基础上，翻转课堂教学模式还在传统模式不太重视的课堂表现上做了大量工作，对学生的课堂表现也建立量化考核标准，促进总评的全面性，使得整个课程对学生的评价更加合理且公平。总的来说，翻转课堂的教学模式对教师和学生都提出了更高的要求。

实施过程主要包括以下几方面。

（一）课前准备

根据学生化学成绩，将学生按每组5～6人进行异质分组。新课前一周，教师可以提前发放相应的无机化学微课程视频、知识点讲义，并布置课后习题，让学生根据自身情况选择课余时间自主学习，并让学生尝试完成相应的课后习题，然后由组长安排小组集体交流讨论，尽可能地解决学习中所遇到的问题。小组学习后，学生整理仍存在的学习问题，可以再次展开自主学习、小组学习或者留待课堂教学中解决。

（二）课堂教学

教学过程中，教师首先对重要知识点进行简单梳理与讲解，然后让小组进行学习汇报。各小组主要是提出小组学习后仍不能解决的问题，由其他小组同学或者教师回答。此后学生也可根据自身情况提出个人问题，由其他同学或者教师回答。教师根据实际情况来控制学生提问的内容和数量，必要时教师会提出相应的无机化学问题让学生回答，以保证教学知识点的广度和深度。提问结束后，留下一定时间来让学生完善课后习题。小组课后习题完成后，交由其他小组在课中或课后进行交叉批阅，教师不审查。

二、有机化学

下面以化学实验——乙酸乙酯的制备为例，探讨有机化学的教学实施。

乙酸乙酯的制备大纲一般规定是6个学时，合计270分钟。课堂教学总体原则是把实验过程分成若干阶段，将课堂交给学生，教师和实验助理在一旁协助。通过近3年的摸索，将$FeCl_3·6H_2O$催化合成乙酸乙酯共分为4个阶段，10个过程，包括基本知识介绍、安全知识强调、取样、蒸馏（2次）、回流、萃取洗涤、干燥过滤以及检测等过程。在每一个过程实施前，教师只需要花少量的时间对该过程实验内容进行操作或者安全提醒。

此外，为了锻炼学生的综合能力，教师根据学生的预习情况，有针对性地引导学生对实验变量进行讨论，以组为单位进行变量的考察。如设置催化剂用量组、不同摩尔比组、反应温度组、反应时间组等。通过课前充分的预习以及课堂上教师对关键点的提醒，学生能够快速取样，规范地搭建操作装置，流畅地开展实验，极大地提高了学生的动手能力。当遇到记忆模糊的时候，只需要教师稍微点拨或者参阅视频即可自行解决。整个实验过程，老师讲解的时间不超过30分钟，剩余的时间主要用来与学生交流、纠错、引导学生思考以及防止安全事故的发生。

最后，在实验的空闲期，教师穿插讲解本次实验内容涉及的一些最新研究进展、行业发展动态，以及课程思政等内容。这样整个教学环节就比较流畅、完整。具体的教学阶段划分,如下所示。

(一)第一阶段:实验前,讲解下面三个过程

1. 实验基本知识介绍

简单叙述合成乙酸乙酯的意义,$FeCl_3 \cdot 6H_2O$催化合成乙酸乙酯的原理及操作流程。

2. 强调安全知识

一是强调化学药品的使用安全、操作规范以及有可能遇到的突发事件和应采取的应急措施;二是展示安全急救物资,告知喷淋、灭火毯、抽风罩以及总电源开关、水龙头位置等信息。

3. 取样

一是提醒称取不同的催化剂质量以及量取不同摩尔比的液体体积;二是提醒维护天平卫生,规范操作量取液体体积。

(二)第二阶段:取样结束后

1. 第一次回流

一是提醒水阀的开关方向(三联水龙头水压较大)以及冷凝水的方向(有可能存在的安全隐患);二是提醒使用不同的加热温度以及回流时间;三是回流等待过程中,提醒学生准备蒸馏装置所需玻璃仪器,对分液漏斗进行洗涤、漏液检测,对干燥瓶进行烘干等后续操作。

2. 第一次蒸馏

一是提醒冷却后才能拆卸回流装置,改为蒸馏装置(有可能存在的安全隐患);二是讲解蒸馏结束标准。

(三)第三阶段:实验回流过程中

1. 萃取洗涤

一是提醒使用分液漏斗过程中存在的安全隐患,示范萃取洗涤过程;二是简单叙述饱和氯化钠、饱和碳酸钠以及饱和氯化钙的作用。

2. 干燥/过滤

一是提醒干燥过程中旋转锥形瓶要及时揭盖,以免产生气压造成瓶

塞冲出;二是帮助学生判断干燥剂用量是否足够;三是提醒过滤过程中,采用一次性滴管进行移取。

3. 第二次蒸馏

提醒学生添加沸石,在需要的温度范围接液,防止瓶内溶剂蒸干等信息。

(四)第四阶段:在干燥等待期

1. 分析测试

强调阿贝折射仪的使用注意事项。

2. 结束实验,离开实验室之前

离开实验室前,有两点要求:一是查看学生原始数据照片,包括反应物体积、催化剂用量、乙酸乙酯粗产品体积、萃取洗涤后体积以及最后一次馏分体积等信息;二是要求学生将废液/馏分倒入指定的容器,并整理实验台面、地面等,清洁卫生。①

三、分析化学

现以基于"雨课堂"的教学模式为例,探讨分析化学的教学实施。

传统的分析化学授课方式主要以教师讲解为主,这种"灌输式"教学导致课堂活跃度较差、学生积极性较低。弹幕是近年来观看网络视频时弹出的评论性字幕,与观看者形成娱乐、实时互动的效果。教师利用"雨课堂"教学平台的弹幕功能可以实现师生之间的良好互动,从而提高学生的互动积极性,并能够根据知识内容发表自身见解和看法。此外,还可以通过随机点名、红包奖赏机制、投票等多种方式提高学生的参与度与课堂的趣味性,参与结果可作为部分平时成绩记录到总成绩中。

分析化学是一门理论性较强、知识点较为抽象的课程,公式推导计算居多,学生在学习过程难免觉得枯燥乏味,主动性不强,甚至会产生抵触心理。在教学过程中,教师可以利用投票、红包奖赏机制、随机点名的方式活跃课堂教学的氛围。例如:在"误差与实验数据处理"一章中,准

①王存,吴开碧,黄天奎."翻转十分段式"有机化学实验教学设计及实践研究[J]. 化学教育,2020(12):33-34.

确度与精密度的概念及关系是学生经常混淆的内容,在这里可设置选择题或者投票题。在知识点讲解结束后将试题第一时间推送给学生,让学生积极参与到课堂教学中,增加学习的趣味性。同时,还可以利用发红包奖赏机制,经常鼓励学生。此外,在每节课结束后,布置两三道与本节课内容相关的大作业。下一次课前,利用“雨课堂”随机点名功能,找学生讲解相关大作业及预习题的内容。教师对于讲解不完全正确的学生进行及时指导,并对上一次课程中的重点内容回顾温习,以加深学生的记忆。这种教学实施的形式可以提高学生学习的主动性。

学生在自主学习过程中,难免碰到一些较难理解或不懂的知识。“雨课堂”可以提供及时反馈功能,学生在学习PPT内容时对不太理解或存在疑问的地方,可以通过点击“不懂”按钮对此内容进行标注。教师可通过学生的反馈信息在课上有针对性地讲解,从而帮助学生更好地理解所学内容。此外,当每章讲解结束后,可根据该章的重难点在“雨课堂”中创建试卷,要求学生在规定时间内完成,并利用“雨课堂”的在线批阅功能及时批改。

例如:分析化学包含8章内容,重点在四大滴定及重量分析。教师每章可以推送一份100分的试卷,要求学生在2小时内完成。对于匹配度比较高的选择题,可利用“雨课堂”的在线批阅功能批改,而填空题需要根据学生的答题情况手动批改。汇总后,教师可以公布总分前三名的学生,并给予表扬,对其余学生进行鼓励。教师引导学生根据自己的答题信息反馈及时查缺补漏,对于出现错误的地方,鼓励学生查阅资料或者请教同学解决。对于一些学生不能自己解决的问题,教师将其汇总分析,在下次课上统一讲解,从而帮助学生梳理知识点,全面提高“教”与“学”的质量。

四、物理化学

现以“问题解决”的教学模式,探讨物理化学的教学实施环节。

基于“问题解决”策略教学法的教学实践,是以“问题”引出知识点,引导学生思考,将学生分组讨论,教师和学生就热点和难点问题进行讨论,让学生通过讨论掌握教学目标设计的内容。例如,在“离子独立移动定律”内容的教学中，先通过一组实验数据提出问题，让学生分组讨论。学生的合作学习贯穿于整个教学活动中。由于课时限制，有些小组讨论的内容安排在课外，上课时每组派出代表汇报讨论结果。小组成员各自分工、共同完成学习任务；学生的自主学习也贯穿于整个教学活动中。通过问题解决的过程，学生不仅掌握了所学内容，还将知识点构建到已有的知识网络中。又如，在电导应用内容的教学活动结束后，引导学生对概念进行归纳和总结，形成概念图。

学期结束前，教师可以安排一次小组讨论。首先，根据教材内容和学生人数，由教师设计一些有意义、学生感兴趣、难易适度的问题；其次，学生自由组合，4～6人一组，教师根据学生的兴趣、爱好、基础作出微调，选出组长，明确组员分工；再次，课下让学生做好课题调研及资料收集、整理工作，教师做必要的指导；最后，组织课堂讨论，每组5～10分钟，讨论过程中，教师要充分调动学生的热情和积极性，及时发现问题、解决问题，得出结论，对优胜组进行表扬，对其他组进行鼓励。

学期结束前，教师还可以布置一次课程论文作业。首先，教师根据讲授内容，列出每章节知识关键词、有关热点问题或竞赛题目等；其次，让学生发挥主观能动性，自由选择感兴趣的关键词，调研相关课题，拟定题目并提交给教师，教师进行指导并给出建议，要避免题目过大、过空、过时等情形；再次，在学生做课程论文的过程中，教师应及时与学生讨论，掌握进度，解决学生遇到的困难；最后，教师对课程论文进行公正公平的评价。总之，论文题目不限，内容为本专业理论或实验中应用物理化学基本原理的分析和论述，让学生思考在本专业中如何运用所学物理化学知识，明白所学有所用，增加学习的兴趣和动力。

五、高分子化学

高分子化学是除了无机化学、有机化学、分析化学和物理化学之外的第五大化学分支。该课程主要包括高分子合成和高分子化学反应等内容，涉及聚合反应机理及动力学、聚合方法、高分子化学反应规律等重难点问题，内容抽象、公式众多、概念性知识繁多。在该门课程教学过程中，依据专业人才培养要求和需要达到的专业能力素质内容，教师在高分子课程讲授过程中不仅要传授知识和技能，还承担着提高大学生思想品质的重任。教学目标是提高学生正确认识问题、分析问题和解决问题的能力，进行科学思维方法训练和科学理论教育，培养学生探索未知、追求真理、勇攀科学高峰的责任感和使命感，培养学生的学习兴趣，帮助学生树立民族自豪感和使命感。以下是具体的教学实施方法，可以作为参考。

（一）绪论

绪论章节处于教材中的第一部分内容，包括高分子的基本概念、聚合物的分类和命名、聚合反应、分子量及其分布、聚合物的结构等。为了提高学生的学习积极性，教师可以将使用高分子材料抗击新冠病毒为切入口，采用启发式和互动式教学方法进行内容讲授。从医用口罩和一次性防护服到防护目镜和面罩，从输液和注塑用品到药品包装，从建设方舱医院所用到的建筑耗材到化学成像所用到的医用光胶片，引导学生认识高分子材料在新冠肺炎疫情防控和治疗中发挥的举足轻重的作用。通过该部分内容的讲解，提高学生学习高分子化学课程的积极性，培养学生的专业自豪感。

根据高分子材料的性质和用途对高分子材料进行分类的讲述中，引发学生思考高分子材料的结构、性能和用途的内在联系。将高分子材料的“理性成材”和大学生的“感性成才”相结合，强化学生的专业素养，培养学生的社会责任感和使命感。在讲授聚合物的链结构中，提供具体事例引发学生思考。如浙江某环能科技公司利用废旧塑料再生造粒，一年“吃”下26亿个废旧塑料瓶，“吐”出600万条毛毯，解决了废旧塑料降解和循环利用的世界难题。引入可持续发展观，引导学生思考高分子材料的大量使用必然产生大量的废弃物。将绿色生态技术观和爱护环境的安全意识等融入该内容的教学中，了解高分子科学也存在着如白色污染、有毒奶瓶、装修污染等对环境和人体的负面效应。通过讨论帮助学生理解“绿水青山就是金山银山”的理念，帮助学生树立可持续的生态意识和环保意识。

(二)缩聚和逐步聚合

该章主要讲授缩聚反应和线型缩聚反应的机理、动力学、聚合度和聚合度的分布,以及体型缩聚和凝胶化逐步聚合方法及重要缩聚物。教师可以首先通过一则故事,即“一块奶酪引出的电木发明”,引出逐步聚合反应。德国化学家阿夫冯·拜尔发现苯酚和甲醛反应以后,玻璃管底部有顽固的残留物,该残留物引起了“塑料之父”列奥·亨德里克·贝克兰的关注。贝克兰通过五年的辛苦研发终于成功得到一种糊状的黏性物,模压后成为酚醛塑料。

在以上内容的基础上,教师可以播放高分子科学发展的前沿材料视频,即引入靠体温触发形状变化的记忆高分子材料,以及能发生“七十二变”的新型形状记忆塑料。通过该部分内容的学习,让学生认识到高分子材料的迅猛发展需要科研人员发扬协作精神和精益求精的工匠精神,不断创新、追求卓越。同时,材料发展越来越趋向于智能化、仿生化和高功能化,应注重培养学生的科学精神和抗挫折能力。

讲授缩聚反应分类时,教师可提供嫦娥四号着陆器及玉兔二号月球车互拍的图片,采用“探究式推进”教学理念进行教学。月球表面昼夜温差极大且紫外线辐射特别强,一般的纺织品会发生皱缩、熔融、脆损和颜色褪色,但图片中五星红旗在月球上依然色彩鲜艳。根据高分子材料的构效关系,引发学生思考该高分子材料的结构,从而引出芳杂环高分子化合物聚酰亚胺,并分析其特性和用途。聚酰亚胺材料的中高端产品进口价格超高,呈寡头垄断局面,高性能产品由国外杜邦等少数企业占据高市场份额,相关技术尤其涉及航空航天和军用领域的高端材料更是对我国实行严格封锁。

同时,在该章节重要缩聚物环氧树脂内容的讲述中,教师可以向学生展示新型碳纤维材料,提出中国碳纤维的瓶颈问题——环氧树脂韧性不足。指出环氧树脂有优良的物理机械和电绝缘性能,附着力强,能将碳纤维粘接在一起,但目前国内生产的高端碳纤维所使用的高端环氧树脂产业落后于国际的情况较为严重。通过以上问题的讲解,鼓励学生增强自身综合素质,成为一专多能的复合型人才,用创新思维、科学精神和奉献精神攻克难题，实现科技报国，引导学生培养爱国主义精神，坚定理想信念。

(三)自由基聚合

该章主要讲授烯类单体对聚合机理的选择性、聚合热力学、自由基聚合机理、引发剂、引发作用、聚合速率、动力学链长、聚合度及其分布、阻聚和缓聚以及可控自由基聚合等内容。

传统自由基聚合形成的聚合物分子量分布很宽，聚合物枝化和交联不可避免，同时很难控制官能团分布的特点。1995年中国旅美博士王锦山设计了实验装置和流程，用自制的微反应器在真空下进行聚合，首次发现了原子转移自由基聚合，实现了真正意义上的活性自由基聚合。这是聚合史上唯一以中国人为主所发明的聚合方法，原子转移自由基聚合是高分子化学研究和产品开发最前沿的方向之一。让学生明白中国科学家对于世界高分子发展的卓越贡献，同时引导学生学习勇于实践和精益求精的工匠精神，激发学生民族自豪感。

同时，教师还可以将辩证唯物主义思想融入课程教学。如单体是否能够聚合需要从化学结构、热力学和动力学方面进行讨论。其中化学结构和热力学为单体发生聚合反应的内因，其决定了聚合反应是否能够进行的基础，动力学因素为聚合反应的外因。内因是事物发展的根据，外因是事物发展的外部条件，将内因和外因辩证关系延伸至大学生自身发展，强调大学生个人的成功与否，与其自身不懈的努力和其所处的环境息息相关。

(四)自由基共聚合与聚合方法

该章主要讲授二元共聚物的组成、二元共聚物微结构和链段序列分布、前末端效应、多元共聚、竞聚率和聚合方法等内容。针对均聚物结构单一、不均衡、不能满足多方面的特点，提出合成二元或多元共聚物。通过改变共聚物的组成、组分和序列结构，可以增加共聚物品种，实现改进大分子的结构性能，如力学性能、弹性、塑性、柔软性等，扩大其应用范围。此部分内容蕴含着整体和部分的辩证关系，即聚合物的整体性能与各单体组成、组分和序列结构之间存在辩证关系，它们相互依存和相互影响。进一步延伸到大学生的个人发展与国家的前途和命运是相依共存的，是整体和部分的辩证关系。告诫当代大学生应把自己的理想同祖国的前途、把自己的人生同民族命运紧密联系在一起，努力学习知识，培养创新精神，为国家的复兴作出贡献。

在课堂讲授的基础上，采用高分子化学实验加深学生对聚合方法的理解。通过有机玻璃的本体聚合、醋酸乙烯酯的溶液聚合等实验，让学生观察和总结自由基聚合中爆聚等内容，加深学生理解pH等因素对敏感水凝胶制备的影响。在单体小分子合成聚合物高分子的过程，学生进一步理解自由基聚合机理，同时理解量变到质变的辩证关系。进一步延伸到大学生的学习和生活状态，引导大学生要将远大理想和崇高目标与脚踏实地、埋头苦干的精神结合起来，从点滴做起，循序渐进，有计划、有步骤地进行学习；同时要坚持抵制对社会对自己有害的坏思想、坏行为，做到防微杜渐，健康成长。

（五）离子聚合和配位聚合

该章主要讲授阴离子聚合、阳离子聚合、离子共聚、聚合物的立体异构现象、丙烯配位聚合和极性单体的配位聚合等内容。丁基橡胶由异丁烯与少量异戊二烯通过低温阳离子共聚合制备的高分子化合物。其具有优异的耐热、耐老化和阻尼性等优点，在医疗器械、航天航空等领域发挥着巨大作用。我国丁基橡胶装置技术均来自国外，主要以中试技术为主，并非成熟的工业化技术，因此产品始终没有跻身高端产品。此外，在抗击新冠肺炎疫情中，医务工作者采用体外膜肺氧合（俗称“叶克膜”或“人工肺”）救治重症新型冠状病毒肺炎患者。膜肺是该系统的核心部件，由聚4-甲基1-戊烯中空纤维膜构成，其采用Zieglew-Natta催化剂制备。通过以上的实例，激发学生科研报国的担当精神和脚踏实地的奋斗精神。

Ziegler和Natta两位科学家对配位聚合的发展功不可没，他们一生治学严谨，对科研具有不怕苦、不怕累的精神，正是由于他们的精益求精，才实现了聚烯烃工业的跨越式发展。在20世纪60年代，沈之荃院士以强烈的使命感和责任感开展了合成顺丁橡胶的研究，并将自行开发、设计和制造的第一套万吨级顺丁橡胶生产装置建成投产。后又采用稀土化合物作为催化剂,首先在世界上研制出稀土顺丁橡胶和稀土异戊橡胶。沈之荃院士作为一名教师,始终将“传道、授业、解惑”作为自己的神圣职责,并培养了一批治学严谨、学术思想活跃的高分子专业人才。通过讲述中国科学家的故事,增强学生的民族自信心和自豪感,激发其爱国热情,培养其家国情怀,树立正确的价值观、人生观。

(六)聚合物的化学反应

该章主要讲授聚合物化学反应的特征、聚合物的基团反应、反应功能高分子、接枝共聚、嵌段共聚、扩链、交联、降解和老化等内容。通过聚合物的端基或者侧基进行化学反应和功能化,可以扩大高分子的品种和应用范围。该章节还研究高分子的降解内容,有利于废旧聚合物的处理。教师可以将“绿色、生态、环保”与社会主义核心价值观相关的思想政治元素相结合,讲授可生物降解型高分子材料以及合成方法,培养学生环境保护的责任感和从事科学研究的基本素质。

第二节 实践应用课目的教学实施

一、化学反应工程

(一)化学反应工程理论

在化学反应工程的理论授课过程中,教师应注重调动学生的创造发散性思维,善于制造悬念,引发学生思考;在讲课方式上,注意应用归纳对比法,如间歇反应和连续反应的对比、等温等容反应与变温变容反应的对比、反应时间与空时的类比等,并借助例题使学生加深理解。

化学反应工程注重培养学生工程分析能力,所以在授课过程中,教师应注重理论联系实际,将学习知识与应用密切结合起来。如介绍电化学反应器时,借助当今热点技术——燃料电池进行讲解,使学生更加理解燃料电池的应用。在讲解反应器设计时,教师可运用工程的思维分析问题，如借助工程中常见的氨合成、有机化工中的甲醇合成、石油化工中的催化加氢裂化和丁二烯制备等，讲解反应体积计算及反应选择性等。

例如，在讲授多釜反应器串联模型时，若从反应器总体积最小的角度出发进行反应器的优化设计，结果是串联的反应釜数是无穷个，但从工程经济的角度出发，实际生产过程中的优化设计结果是串联的反应釜数目为3～5个。这样既培养学生理论与实际相结合的能力，同时也有助于提升学生分析、解决工程问题的能力，建立工程经济性观念。授课过程中，教师应做到讲授内容精炼明了、重点突出。如对气固催化反应过程和气液反应过程的讲述时，可携带分子模型教具，根据反应物分子必须有效碰撞产生化学结合才能发生反应的共同点入手，描述其最基本的反应步骤，推导出相应的反应步骤模型。另外，讲授每一章新内容时，以问题提示的形式引导学生及时复习旧知识。

教师可以通过与学生建立QQ群、微信群等方式加强课后互动。在便捷的网络化信息时代，教学研究组可借助教学网站进行教学资源共享，同时促进教师团队之间以及教师与学生之间的进一步交流。此外，学生可以借助校园局域网的网络辅导和课件设计加强学习。如在学校的网页服务器上拥有丰富的学习内容、功能多样的“反应工程教学网站”，以及大量的化学反应工程试题库。

总之，化学反应工程课程是一门重要的化工专业课，学生学好这门课的前提条件是教师做好课前准备、课堂授课、课后任务三个环节的工作，通过教师团队的不断努力，有效提高学生的学习兴趣，提高教学质量。

（二）化学反应工程实验

化学反应工程实验课的教学实施主要有课前预习、实验课中的实际操作（包括实验数据的测定与记录）、实验报告的编写三个环节。可以参照如下具体步骤开展化学反应工程实验的教学。

1. 课前预习

一是要认真阅读实验教材，明确实验的目的和要求。

二是根据实验的具体要求和任务，研究实验的理论依据及方法，熟悉实验的操作步骤。分析哪些数据需要直接测量,哪些数据不需要直接测量,初步估计实验数据的变化规律、布点,做到心中有数。

三是到实验室现场了解实验过程,观察实验装置、测试仪器及仪表的构造和安装位置,了解它们的操作方法和安全注意事项。

四是在实验前做号分组工作。化学反应工程实验不同于其他基础实验,化学反应工程实验一般由多人合作进行。因此实验前必须做好分组工作,进行小组讨论,确定实验方案、操作步骤,明确每一个组员的岗位。组员各司其职,分别承担实验操作、现象观察、读取数据、记录数据等任务。也可在不同情况下互换岗位,使每一个学生对实验的全过程都能够较详细地了解,并得到很好的操作训练。

五是要求写出实验预习报告。实验预习报告包括以下内容:实验目的和内容,实验原理和方案,实验装置及流程图(包括实验装置的名称、规格与型号等),实验操作步骤及实验数据的布点,设计好原始数据的记录表格。实验预习报告不应照抄实验教材的有关内容,而应通过对实验教材有关内容的理解用自己的语言写出。

实验前,学生应将实验预习报告交给实验课指导教师,获准后方能参加实验。无预习报告或预习报告不合格者,不得参加实验。

2. 实验课中的实际操作(包括实验数据的测定与记录)

一是实验开始前,学生必须仔细检查实验装置和测试仪器及仪表是否完整,并按要求进行实验前准备工作。准备完毕后,经实验课指导教师检查,得到允许后方能进行实验。

二是实验进行过程中,操作要认真、细致,尤其对精密实验装置,一定要按操作规程操作。如果发现实验装置和测试仪器及仪表有故障,学生必须立即向实验课指导教师报告,未经教师许可,不得擅自拆卸。

三是用准备好的完整的原始数据记录表(表上应有各项物理量的名称、符号和计量单位)记录,不应随便用一张纸记录。记录时除记录测取的数据外,还应记录室温、大气压等数据。

四是实验时要待操作状态稳定后才开始读取数据。条件改变后,也要待稳定一段时间后读取数据,以排除因测试仪器测试滞后所导致的读数不准现象。

五是同一测试条件下读取数据至少应两次，而且只有当两次数据接近时才能改变操作条件，继续下一点测定。

六是每个数据记录后，应该立即复核，以免发生读错或写错数据等事故。读取后面的数据既要和前面的数据相比较，又要和相关数据相对照，以便分析其相互关系及数据变化趋势是否合理。若发现不合理情况，应研究其产生的原因，并解决。

七是数据记录必须真实地反映仪表的精度，一般应记录至仪表最小分度以下一位数。

八是实验中如果出现不正常情况以及数据有明显误差，应在备注栏中加以说明。

九是实验课是重要的实践性环节，要积极开动脑筋、深入思考，善于发现问题和解决问题。

十是实验结束后，将实验装置和测试仪器恢复原状，桌面和周围地面整理干净，关好水、电和煤气，并把原始实验记录本交实验课指导教师审阅签字。经教师检查同意后，方可离开实验室。

3. 实验报告的编写

按照一定的格式和要求描述实验过程和结果的文字材料，称为实验报告。它是所做实验的全面总结和系统概括，是实验课不可缺少的一个重要环节。一份优秀的实验报告必须简明扼要、过程清楚、数据完整、结论正确，有分析、有讨论。报告必须图文并茂，所得出的公式、图形有较好的参考价值与理论公式、理论曲线有较好的吻合性。编写实验报告的过程，也是对所测定的数据加以处理、对所观察的现象加以分析的过程，从中找出客观规律和内在联系的过程。如果做了实验而不写报告，就等于有始无终、半途而废。因此，进行实验并认真写出实验报告，对于理工科大学生来讲，无疑是一种必不可少的基础训练。这种训练也为今后写好科技论文或研究报告打下基础。

完整的实验报告一般应包括以下几个方面内容。

(1)实验报告名称。实验报告名称，又称标题，列在实验报告的最前面。实验报告名称应该简洁、鲜明、准确。字数要尽量少,要一目了然,能恰当地反映实验内容。如《离心泵特性曲线的测定》《反应精馏法制乙酸乙酯》《超滤法分离明胶蛋白水溶液》。

(2)实验报告人及同组成员的姓名。

(3)实验目的。简要地说明为什么要进行本实验,实验要解决什么问题。例如,《不锈钢筛板塔精馏实验)的实验目的包括:一是,了解连续精馏塔的基本结构及流程;二是,掌握连续精馏塔的操作方法;三是,学会板式精馏塔全塔效率和单板效率的测定方法;四是,确定不同回流比对精馏塔效率的影响;五是,了解气相色谱仪及其使用方法或与本实验相关的其他分析方法(例如折光率法)。

(4)实验原理。简要地说明实验所依据的基本原理,包括实验所涉及的主要概念,所依据的重要定律、公式以及据此推算的重要结果。要求准确、充分。

(5)实验装置及工艺流程示意图。简要画出实验装置及工艺流程示意图和各测试点的位置,标出设备、仪器、仪表及调节阀的标号,在流程图的下面要写出图名及与各标号相对应的设备、仪器、仪表等的名称。

(6)实验方法与步骤。根据实际操作程序,按时间的先后划分为几个步骤,做好标记,以使条理更为清晰。对于操作过程的说明应简明扼要。对于容易引起危险,损坏设备、仪器,以及一些对实验结果影响比较大的操作,应在注意事项中说明,以引起注意。

(7)实验数据。包括与实验结果有关的全部数据,即原始数据(教师已签字的)、计算数据和结果数据。

(8)数据计算示例。以某一组原始数据为例,把各项计算过程列出,以说明数据整理表中的结果是如何得到的。

(9)实验结果。针对实验目的和要求,根据实验数据,明确提出实验结论。实验数据可以采用图示法、列表法或经验公式法来表示。

(10)思考题。实验教材中所提出的若干思考题是本实验所需要掌握的一些要点,学生在实验报告中要认真解答。

(11)实验结果的分析与讨论。对实验结果进行分析与讨论十分重要,是学生理论水平的具体体现,也是对实验方法和结论进行的综合分析研究。分析与讨论的范围应该只限于与该实验有关的内容。分析与讨论的内容包括:从理论上对实验所得的结论进行分析和解释,说明其必然性;对实验中的异常现象进行分析与讨论;分析误差的大小和原因,考虑如何提高测量精度;该实验结果在理论和生产实践中的价值和意义;由实验结果可提出进一步的研究方向;根据实验过程对实验方法、实验装置提出合理的改进及建议等。

二、化工工艺

化工工艺是化工专业的重要专业理论课程,化工专业的任务是培养和造就一大批化工操作岗位上的"操作能手"。为了达到这一目标,化工专业要求学生不仅有一定的理论知识,还应具有较强的操作技能,这就对化工工艺教学提出了更高的要求。以下从三个方面,探究分析化工工艺教学实施中的注意要点。

(一)注重"工艺流程"教学

"工艺流程"在化工工艺每一章节中,既是教学重点又是教学难点。生产原理、设备配置、操作控制点等都在流程中体现,所以要求学生对每一产品的生产流程非常熟悉。许多化工产品的生产过程包含了多个工序,而每一工序的流程虽各不相同,但又是密切联系的。任何一个工序出了故障都会影响前后工序甚至整个系统的正常生产。以合成氨的生产过程为例,在授课过程中,要求学生不能孤立学习和掌握某一工艺,必须注重前后内容相互渗透、相互联系。教师每讲授一道工序流程后,根据生产出物料的成分、作用等引导学生推导出后面相应工序的任务、原理、流程、设备等。

又如,在讲授变换、脱碳、精炼、合成等流程时,不仅要求学生理论上掌握各工序的任务、原理、流程、设备等,还应明确各工序的气体是靠压缩机输送的,并根据各工序的生产条件、压缩机的型号,确定各工序与压缩机的连接关系。

在学生对工艺流程有初步印象的基础上,教师通过教材上的流程图把所学的生产原理、工艺条件、设备配置等知识进一步系统地分析讲解,并要求学生课后绘制一张完整的系统工艺流程图来加深印象，让学生体会到所学的知识在工艺流程上能得到应用。

（二）注重能力的培养

化工工艺相对其他课程有自己的特殊性，在讲授生产原理、工艺条件、工艺流程时注重的不是某个公式或原理的推导，而是对原有基础知识在实际生产中的应用。课堂教学除了注重“流程”教学，调动学生参与教学活动外，教师还应注重应用相关知识来综合分析实际生产中出现的问题，培养学生分析问题、解决问题的能力。如在讲授变换工序饱和塔、热水塔位置时，先把两种流程加以介绍，然后进行对比分析：为什么选用饱和塔在上、热水塔在下的流程较合适？学生会发现，选用这种流程不仅节省一台泵，而且还会优化饱和热水塔的循环水量，节约蒸汽和电力。通过联系实例，让学生感觉到化工工艺的学习可以解决化工生产中的许多问题，从而有效培养学生的创新思维及灵活应用所学基本理论知识分析、解决实际问题的能力。

（三）注重教学形式

化工工艺是一门实践性较强的专业课，教师灵活运用多种先进的教学方法，如现场教学、多媒体教学、化工仿真实验教学、启发式教学等，并借助教模教具、挂图、现场实际装置图片和视频完成教学。不仅形象生动，贴近生产实际，还可以增加感性认识，强化实践教学，有利于提高学生的学习兴趣，激发学生参与的积极性和强烈的求知欲，大幅度提高学习效率。

传统的化工工艺理论课教学，对工艺流程、设备结构、物料走向等的讲解都是在黑板上进行的。这种教学方式过于抽象，不够直观，学生面对黑板难以发挥想象力，教学效果得不到保证。而利用化工仿真实验教学对工艺流程的深入剖析，通过对设备结构、物料流动的形象描绘，有利于增强学生对化工生产过程的感性认识，从而透彻了解化工工艺流程的组织原理、设备结构、工艺条件等相关知识，节约教学资源。

把课堂搬到实际生产现场进行直观教学，让学生走出课堂，体验化工厂生产过程，接触大型设备。教师根据理论知识先复习化工产品的生产过程及各过程的作用，根据流程对照各设备、各管线等逐一讲解，讲解过程注意复习设备的结构、作用、管道内物料的成分等知识，要求学生观察相关仪表上工艺指标变化情况，同时要选择时机对学生进行岗位安全生产教育，树立安全意识，培养学生的责任心。随着课程的讲解、生产的进行，学生亲眼看到产品生产出来，增强了学生的学习信心，也使学生验证了化工工艺课的实用性。通过现场的直观教学，教师帮助学生加深对流程中疑难问题的理解，学生不仅掌握了书本上的知识，更重要的是学到了生产操作技能。

化工工艺是化工专业的技术课，是基础知识及基本理论在工业上的应用。为此，要求教师在教学过程中理论联系实际，注重工艺流程教学，运用专业基础理论知识解决生产实际问题，培养学生分析问题、处理问题的能力。在系统教学的基础上，多以现场参观、参加实际操作、专题讲座等方式进行教学。只有这样，才能收到良好教学效果。

三、化工传递过程

化工传递过程的教学实施，可以从以下几方面着手。

（一）把握好课程的数学特征

微积分、常微分方程、偏微分方程、全导数、偏导数、随体导数、傅里叶变换、矩阵分析量纲分析等都已成为传递方程求解的必要条件。数学模型是实际物理模型的抽象。抽象是从众多的事物中抽取共同的、本质性的特征，而舍弃其非本质性的特征的过程。任何科学发展到较高的理论水平，几乎都需要对研究对象进行抽象处理，归纳出理论原型或数学模型。化学工程追求的目标是效益的最大化，只有对每一个细小化工过程的精确量化建模才能实现此目标。

在合理建立数学模型之前，一定要让学生深刻理解物理量的时间导数概念，即偏导数、全导数、随体导数或质点导数。尤其是随体导数，几乎贯穿全部章节，所有的数学模型都离不开它，因此要让学生自己举一反三进行推导。教材中举的例子是将温度计装在探空气球上，让探空气球一起随空气飘动，其速度与周围大气的速度相同，记录下不同时刻的大气温度，获得温度随时间的变化率，由于是采用拉格朗日观点推导的，所以也称之为拉格朗日导数。

为了加深学生对这个概念的理解，教学中要引入流体场中质点的概念，让学生思考流体运动过程中随体导数的实际物理意义——流体场中流体质点上的物理量（如温度、速度）随时间和空间的变化率。数学模型的建立对于化工传递过程的研究起着十分关键的作用。一般研究思路是先针对在特殊情况下的理想流体建立理想数学模型，然后再根据实际流体的具体情况，对理想数学模型进行适当修正后，建立实际流体的数学模型。如通过微分动量衡算，可以得到动量传递的基本方程运动方程。这既是重点又是难点，可以用板书的方式逐步推导，让学生明白每一步是如何得到的，还可以引导学生联想到连续性方程，并将二者联立求解，获得许多流体流动问题的解。

在建立运动方程的模型之前，先让学生回忆高中时学习的牛顿第二运动定律——动量守恒定律，由普通物体的运动过渡到流体的运动；然后，要让学生比较研究流体运动的两种观点（拉格朗日观点和欧拉观点）的异同，让学生自己决定用哪一种观点研究更为合理。运动方程的一般形式推导出来后，可以采用演绎的方法让学生假设一些特殊条件，进而推导出特殊条件下的运动方程。如牛顿型流体的运动方程，即奈维—斯托克斯方程，以及稳态流动、可压缩流体、理想流体条件下运动方程的表达形式。这样可以让学生加深对理想流体的运动方程——欧拉方程的理解。用运动方程解析平壁间与平壁面上的稳态层流这一部分的学习，可交由学生自己推演，并结合竖直平壁上的降落液膜流动分析，体会数学模型建立的过程。教师在事后着重分析如何使方程化简的条件以及结论的实际工程意义。

（二）采用类比分析法

类比分析法是把本质上有相同点的两个事物拿来进行比较，在比较中，通过揭示甲事物的某种属性，来说明乙事物的属性的一种证明方法。类比分析要得当，重要的是要找准类比点，并善于展开相似联想。由于通过类比可以归纳出相同的数学模型，所以在课堂教学中使用“类比分析”的方法是很重要的一个教学环节。

例如，动量、热量和质量传递这三种传递过程之间，无论是传递机理还是数学模型描述以及结果方面，都有着惊人的类似性。通过对动量通量、热量通量和质量通量的对比分析，让学生找出分子传递现象的类似性，并让学生自己总结出分子传递类似性的特征：一是，通量等于扩散系数乘以浓度梯度的相反数；二是，动量、热量和质量扩散系数具有相同的量纲；三是，动量、热量和质量浓度梯度分别表示该量传递的推动力。

熟练地运用“类比分析”这种方式不但能够加强对化工传递过程普遍性的掌握，而且还能够降低数学模型的数量及难度，即建立了一个传递数学模型，相似的其他传递模型及传递方程的求解就可以化繁为简。在课堂教学过程中，对于动量传递部分连续性方程和运动方程的分析推导，有利于在后续的热量传递和质量传递过程中推导出能量方程和传质微分方程。例如，在解析浓度边界层厚度的定义时，通过类比，分析速度边界层厚度与温度边界层厚度的定义，让学生自己总结、比较三者概念上的异同，从而加深对这三个基本概念的准确理解。

“类比分析”的思想还可以应用于“层流”与“湍流”，“速度势函数”与“平面流函数”这两对极其重要的基本概念的教学上。为了贯彻“深入浅出”的原则，课堂教学以“层流”为主线、“湍流”为副线来讲解化工传递过程中的常用微分方程组、基本物理模型与数学模型，并结合速度势函数与平面流函数对比分析，让学生透彻理解为什么要引入速度势函数与平面流函数这两个重要概念，结合流体的旋度及拉普拉斯方程，来加深学生对这两个函数的理解，这样以两个函数为中心，可以将许多概念串联起来。化难为易，能起到事半功倍的教学效果。

（三）多媒体与板书教学相结合

多媒体课件教学具有内容丰富、图片形象、信息量大的优点，同时也具有缺少观察与思维缓冲、信息传递太快的缺点，这就要求学生的思维及反应速度与课堂教学保持同步。因此，在教学中可以采用以板书为主、多媒体为辅的教学手段。比如，要演示一个动态的平板壁面上边界层的形成过程，就可以用多媒体中的动画来逐步演示，将层流内层、缓冲层及湍流核心区用不同的颜色表示并用箭头标示清楚，从而增强学生的形象感官能力和对基础知识点的理解掌握。涉及边界层的一些公式推导的内容,可以用板书的方式来进行,这样板书和多媒体穿插进行可以实现二者的优势互补,并极大地提高课堂教学效率。在讲到第八章第一节对流传热的机理与对流传热系数时,就可以用事先做好的淌流边界层动画来演示对流传热机理,然后过渡到温度边界层的概念,最后水到渠成地引入对流传热系数的概念,增强了学习内容的趣味性。多媒体课件的设计一定要坚持文字少、图片多、形象化、动画化、趣味化的特点,若满页的文字公式则无法引起学生的兴趣,起不到应有的效果。

(四)课堂讲解和课后练习相结合

在讲解能量方程数学模型的建立时,让学生先回忆和讨论运动方程的模型是如何建立的,课堂上详细讲解如何采用欧拉观点或拉格朗日观点,以及如何选取微元体。首先,建立物理模型,选取适宜的坐标系,建立能量方程的普遍形式,即一个偏微分方程;其次,让学生自己找出隐含的边界条件,使偏微分方程简化为常微分方程;再次,代入边界条件求解出温度分布,即能量方程的特殊表达形式;最后,课下作业一定要有针对性地给学生布置,不能千篇一律、没有目的地布置,否则不但增加学生的额外负担,还使学生的知识结构变得混乱。

同时,教师需要选择具有代表性的习题,让学生在下次上课时到讲台上给大家讲解,以此突出重要知识点,增强学生的认知能力。比如能量方程的推导,可以让学生自己上讲台演示,并给大家介绍每一步是如何得来的,依据的物理基础与数学模型分别是什么。通过这种让学生参与互动的方法,学生的学习积极性将大大提高,有助于学生主动思考学习知识,提升知识应用能力与创新能力。

第三节 专业延展课目的教学实施

一、化工技术经济

化工技术经济以经济学的基本原理和方法结合化学工业的特点，系统地介绍化工领域中技术经济分析的基本理论和解决问题的方法。该课程可以使学生在系统掌握化工技术经济学的基本理论、基本方法和基本技能的基础上，对化工项目前期决策、资金筹措、经济评价、可行性研究、财务评价、生产过程优化、化工企业创新与研究开发等内容进行专业评价，从而提高学生运用化工技术经济分析方法解决实际问题的综合素质与能力，为学生在未来从事化工相关领域的工作打下良好的基础。下面从两个方面阐述分析化工技术经济教学实施中的注意要点。

（一）把握教学任务、合理选择教材、梳理章节关系、强化教学难点

化工技术经济学是技术经济学的一个分支学科，其主要任务就是运用技术经济学的基本原理和方法，研究化学工业和化工过程中经济规律和自然规律的结合，将化工技术和经济有效统一，力求有效地降低风险，提高化工过程、设备乃至整个化学工业的经济效益。

化工生产过程，不仅涉及专业知识和技能的综合应用，还要保证整个行业的运行取得良好的经济效益和社会效益。因此，化工专业的学生及相关工作人员在掌握了专业知识和技能之后，还需要具有一定的经济分析能力，才能更好地服务企业发展，从而使企业服务社会经济发展。而所有经济分析方法都是建立在经济学的基础之上的，要掌握技术经济必须要先掌握经济学的基本原理和方法。化工技术经济学教学过程中遇到的第一个难题，就是学生在学习该课程时，缺乏必要的经济学基础，头脑里只有化学原理没有经济效益的概念。如何避免填鸭式教学和死记硬背，让学生比较自然舒服地进入经济学的知识体系当中，是学好这门课的关键。

在掌握了经济学基础知识后，如何运用技术经济学的分析方法，对拟采用的技术方案进行经济效益评价、风险决策、技术经济预测及可行性研究，是在实践中应用的前提。这一部分涉及大量的公式及计算，是在教学中遇到的第二个难题。如何把握教学的深度和广度，灵活取舍，调动学生的积极性和主动性，使学生觉得简单有趣，能够举一反三，在课堂教学和练习中掌握和运用新方法是提高教学质量的关键。

（二）以教促学，灵活选用教学方式，突出应用能力培养

授人以鱼不如授人以渔。针对教学过程中遇到一些困难，在化工技术经济学课堂教学中，教师可以采用情境带入、启发式教学的教学模式，举一反三，合理取舍，提高化工技术经济“教”的质量。

1. 对教学情境的设定

为了使学生在经济学零基础的情况下自觉地接受新的研究内容，教师可以采用比较轻松的情境教学的方法，由熟悉到陌生，由简单到复杂，引导学生接受经济学的知识体系。

(1)经济学研究内容章节。从学生们比较熟悉的政治经济学内容——人类的发展讲起：一是人类要生存和发展，就要消费多种物质资料；二是人类要获得物质资料就要进行生产；三是生产、交换、分配、消费构成人类最主要的活动——经济活动。经济学就是研究存在于人类社会经济活动即生产、交换、分配和消费中的客观规律的一门科学。

(2)经济效益章节。从投资办厂是否合算讲起：一是搞生产的目的是什么？除了生产出产品，还有什么别的目的？二是建设工厂，投入大量的资金，生产消耗大量的财力、物力、人力，建设这个工厂，生产这些产品是“合算”的吗？所得成果能满足人们需要吗？把生产过程中所取得的有用成果与为取得这一成果所消耗的活劳动和物化劳动进行比较，比值称“经济效益”。

(3)经济评价方法章节。让同学们化身为工厂的采购员或者决策者，利用经济学方法对项目的可行性或者设备的取舍作决策。例如，某企业要生产化工原料，有两种反应釜可以选择，如何取舍？同学们就可以分别列出采购价格，使用寿命，预计年收入、支出、残值，并结合当下基

准折现率，利用净现值法进行比较。

2. 授人以渔

在讲述经济学的分析方法时，需要对拟采用的技术方案进行经济效益评价、风险决策、技术经济预测，这一部分涉及大量的公式及计算。为了能够调动学生的积极性和主动性，使学生觉得简单有趣，教师在教学中应给学生提供尽可能多的例题和课堂练习题，进行由简单到复杂的讲述，使学生能够举一反三，在课堂教学中掌握和运用新方法，并在课下作业中巩固。

例如，在讲解利用内部收益率法进行经济评价时，计算公式较复杂，课本例题较难。首先，教师讲课件简单例题，用现金流量图辅助理解净现值的计算；其次，教师利用反转课堂，让学生自学课本后上台讲题，并自行解析课堂练习题；再次，学生对内部收益率的唯一性进行讨论；最后，布置相应内容的课后作业，对课上内容进行巩固。

3. 把握教学的深度和广度，灵活取舍

由于不同深度和广度的内容按照循序渐进的知识单元划分在不同章节中，具有相对的独立性和完整性，因此我们可以根据学生的接受情况和课时安排对部分章节进行灵活取舍。

在讲述不确定性预测及技术经济预测等内容时涉及多种方法，有些方法计算过于烦琐，因此不做要求，学生可以课外凭兴趣自由学习。例如，优劣盈亏平衡分析中的三方案比较分析不做要求，指数平滑预测法中的三次指数平滑做简要了解。

由于教学计划总课时有限，教师在教学中可以对部分章节灵活取舍。例如，讲述第七章项目可行性研究时，由于章节较多，因此第三、四、五节安排学生自学，以回答问题的方式检验自学结果。

4. 体现学科的先进性与实用性

技术经济原理和方法的最终目的就是协助化工企业通过技术改造、设备更新、生产管理与计划、技术和产品创新等手段解决遇到的问题和挑战，并从中寻找新的发展机遇。在讲解这部分内容时，可以多介绍现代化工企业发展的实例，并让学生们课下调研、课上讨论。例如，在介绍技术改造和设备更新时，以制药企业的GMP之路为讨论课题，请学生课下调研现代制药企业如何通过不断创新，在转型升级中获得更高的经济效益。

教师在讲述教学内容时，要将新的事物融入教学实施环节中，增加教学的趣味性与互动性。例如，在讲述单利及复利章节时，不仅可以以我国银行的储蓄利息和贷款利息计算方式为例，也可以用余额宝等其他当今常用的资金管理服务产品为例介绍。经济的发展日新月异，一些新的理论、政策、法规相继出现，一些资料和数据不断更新。教师在教学过程中要引导学生课外阅读一些经济类书籍，并写读书笔记，教师在课上、课间、课后与学生以各种形式交流读书心得。[①]

二、化工环保与安全

针对化工安全与环保课程的特点，考虑到学生的层次及不同特点，教师可以改进教学实施环节，进行多样化教学。可使用的教学方式有案例教学、导图归纳总结、视频讲解、课堂讨论与课堂展示、问题引导和现身说法等。

例如，在现身说法教学中，教师可以根据教师本人或其他同事在化工安全与环保方面的经历，运用自己实际遇到的问题及案例和解决方法来进行讲解，更易引起学生的共鸣。在课堂讨论与展示中，教师可以给学生布置一个5分钟的展示讲解，这就要求学生查阅整理相关内容，并熟练讲解。在查阅过程中，学生能够了解、学习到更多关于安全与环保的内容，同时培养查阅、总结和表达能力，提高学习的积极主动性。

①李晓雯，朱倩倩，吕洲.《化工技术经济》教学实践与改革探讨[J]. 广州化工，2020(7):157-159.

第七章 化学工程与工艺专业的教学总结

第一节 基础原理课目的教学总结

一、无机化学——以翻转课堂教学为例

在无机化学教学中，可以采取翻转课堂的教学形式，学生能更积极、广泛和深入地参与活动。在课堂气氛指标中，由于积极参与活动，学生必须要与他人进行有效的交流与沟通，使得翻转课堂中的学生在融洽性方面较传统课堂中的学生有更好的体验。在宽松程度上，两种模式下的课堂在表现上没有明显区别，却有本质不同。翻转课堂中的是师生积极营造的宽松，而传统课堂中则是学生消极接受的宽松。

在教学目标指标中，翻转教学课堂中的学生因为积极参与和深入思考，因此能有更高的目标达成度，能够用更多、更灵活的方式来解决问题。在教学目标指标下，学生的精神状态也有非常明显的区别，传统教学中学生主要表现为消极，而在翻转课堂中则表现为由抵制到积极。一方面说明翻转课堂确实有利于塑造学生良好的精神风貌；另一方面也说明在翻转课堂教学模式的实施过程中，可能会有教学效果的低谷期。该低谷期的时间长短与程度可能与学科、学生、教师等多方面的因素有关。减少该低谷期持续时间的方式主要是教师的坚持、科学的量化考核标准、教师对学生心理的疏导以及教师对学生学习方式的引导。度过低谷期后，学生的学习状态会逐渐转好，而且学习的主动性和积极性较之前都有很大的提升。

在学习能力指标中，学生通过对自我学习方式的调整，寻找到适合

自己的有效的学习方式,不仅能促进无机化学课程的学习,而且对其他学科的学习同样有促进作用。

翻转课堂中的学生在度过低谷期后,其作业水平明显高于传统课堂中学生的作业水平,这是学生在课堂中积极学习所带来的众多良好效果之一。

翻转课堂中学生的期末成绩较对照组学生在均分上有明显优势。这说明翻转课堂的教学模式确实有助于学生提高学习成绩。造成该结果的原因,一方面是学生在课堂表现和平时作业上更加积极和努力;另一方面则是翻转课堂教学从让学生能更好地利用课余时间,从而增加了有效学习的时间。由此看来,翻转课堂教学能通过提高学习效率和增加有效学习时间来达到提高学生成绩的目的。

翻转教课堂的实施,会促进学生与学生之间的交流,其结果是削弱两极分化程度。除上述结果外,翻转课堂还能促进教师与学生之间的交流,其结果是促进教师与学生共同成长与进步。在教学实施过程中,学生会提出的某些问题,教师可能从来都没有想过。因此该教学模式对教师和学生的要求都非常高。

综上所述,翻转课程的教学较传统的教学模式有颠覆式的改变,也对教师和学生都提出了更高的要求。翻转课堂教学通过提高学生学习积极性和学习效率,以及在实质上增加学生的有效学习时间,使得无机化学理论课程在学生课堂表现、作业水平和期末测试成绩三方面的教学效果均得到显著提高。但该模式是否对其他学科也有同样的促进作用,还有待进一步检验。

二、有机化学

下面以有机化学实验教学为例,探讨有机化学的教学总结环节。

有机化学实验课后,学生的主要任务是撰写实验报告。由于各个小组之间使用的实验方法不同,采用的变量因数不同,因此建议学生共享实验数据,绘制产率—变量关系图,讨论产率与单一变量之间的线性关系,让学生明白反应时间、温度、催化剂等变量对实验结果的影响。教师课后的重要任务是及时进行调查(线上、线下),分析实验翻转课堂教学的效果和问题，拟定应对措施，为下一次实践作准备。教学形式变化后，部分学生之间可能会有良性的“攀比”，加之教师的及时肯定，使得一部分学生的实验幸福指数迅速提高，对于实验的求知欲愈发强烈；而对于实验结果较差的那部分学生，要通过正确的引导、沟通，及时消除学生内心存在的挫败感。

“第二、三课堂”以其活动主体的自主性、内容的广泛性、形式的多样性、参与的实践性成为学校育人的重要载体，是为了全面提升学生综合素质而进行的除“第一课堂”以外的教育实践活动。有机化学实验在以学习任务单为核心内容的基础上，鼓励学生相互进行交叉验证，鼓励学生按照变量自主设计、讨论结果与变量之间的内在关系。在课前翻转、课堂互动后，学生在自主设计实验以及动手能力方面，将有明显进步。

按照课程任务要求，实验结束后，首先要求学生查阅《化学教育（中英文）》《大学化学》等期刊已发表的类似论文，看看已有的实验结果，全班共享实验数据后在实验报告中重点讨论反应物用量、催化剂用量、反应时间以及温度等因素对实验结果的影响。其次，在实验报告中要求学生用实验流程图代替繁多的文字，使用规范的三线表等描述催化数据，在实验报告背面张贴实验过程中拍摄的原始图等。最后，继续要求学生共享实验数据，利用Origin作图软件绘制产率-变量关系图，讨论产率与变量之间的内在联系。

三、分析化学

随着科学与技术的发展，分析化学课程也将进行必要的改革，以解决发展过程中存在的各种问题和矛盾。通过总结分析这些教学矛盾及其解决方法，来提升分析化学的教学质量。

其一，教学过程中教学内容与学时少的矛盾。分析化学教学内容多而学时却越来越少已是不争的事实，为了缓解矛盾，可以采取以下方法。

化学分析中的内容，如分光光度法、分析化学中常见物质的分离与富集、样品的前处理等内容可放在仪器分析中讲授。仪器分析对各种实验设备作基本介绍，针对仪器分析中的各种分析方法可以开设实验选修课，让学生根据自己的兴趣进行选修。

增加网络教学，引进虚拟实验室，可以解决教学过程的很多问题。提高学生的学习兴趣，也可以让教师从原来枯燥的概念、仪器讲解中解脱出来。把虚拟实验放到理论课中，也可以解决实验和理论脱节的问题。

对小型仪器涉及的分析方法，如紫外可见分光光度法、原子吸收分光光度法、气相色谱法、液相色谱法、电位分析法和库仑分析法，实验学时可适当增加，在仪器原理、分析条件的选择、操作、数据处理等方面对学生提出较全面的要求。

而大型仪器，如质谱仪、电镜、X射线衍射仪等，只讲授应用情况、仪器操作和数据处理。在教学中适当增加样品常见的前处理方法，在讲解每个分析方法的用途的同时，还要提醒学生在实际应用中很多样品要通过适当的前处理才能适用仪器分析，避免学生在今后工作中感到所学知识与实际脱节。

其二，实验教学方式方法与素质教育之间的矛盾。传统的实验教学以教师讲授为主，从实验目的、原理到实验的每个步骤，都详尽地讲解。这种程式化的教学抑制了学生的想象力和积极主动学习的意识。

分析化学很重要的部分是实验，因此，需要下大力气加强分析化学的实验，增强硬件投入，重视培养学生的实验操作能力。为了让学生理解分析化学对我们日常生活的重要性、让学生有接触大型仪器的机会，实验项目可根据不同专业进行设置，样品最好用实际样，以提高学生的兴趣。

实验改革要把教学的重点转移到学生能力的培养上，教师角色由教学的主体转变成教学的组织者，对学生采取分层教学的方式：基础实验，以教师指导为主，要求学生熟练掌握仪器的使用方法，验证实验内容，打好基本功；综合实验，要求学生在教师的指导下，独立完成实验内容；设计研究性实验，以学生为主，教师只给出实验要求，学生自主选题，独立完成设计方案和操作。

其三，分析化学教学体系陈旧与培养学生的创新意识之间的矛盾。创新意识教育还不能普及到所有学校，因此要从根本上解决这一问题尚需时日,但是在明确目标的前提下,在有条件的情况下应该对教学作相应的改变,以适应对学生创新意识的培养。

对分析化学实验教学进行改革,增加设计性实验,特别是与日常生活有关的实验题目。对于操作的安排、步骤的设计、药品的选择,教师可以提出一些问题,供学生讨论研究。可通过以下几个方面,培养学生的创新意识。

第一,培养学生的创造自信心。为了使学生在课堂教学中形成良好的创造自信心,需要为学生营造一个好的学习氛围,让课堂洋溢着宽松和谐、探索进取的气氛。重视学生在课堂上突发奇想的观点和问题,对好的方面给予表扬;对于一些由于知识不足还需要通过继续学习才能解决的问题给予耐心指导;对个别好奇心强的学生,要求他们自己查找相关资料,并指导他们形成一定的认识。这样,学生既得到了教师重视,又体验到从未知到已知求知的成功的喜悦,自信心自然越来越强。

第二,培养学生的创造意志力。创造过程是一种对未知事物的探索过程,成功与失败存在于整个过程,那种自觉的、顽强的、勤奋的、实事求是的、敢想敢干的精神,是一个成功者必备的心理素质。教师可以通过诸多科学家献身科学的感人事迹,激励学生增强创造意志。在课堂教学中,让学生大胆地自主设计实验,找出单质、氧化物、酸、碱、盐之间的反应关系,并在实验室进行实验操作。有些实验的反应现象如果不明显,没有达到预期的目的,让学生讨论和重新设计,鼓励他们勇于实践。这样不仅在实践中提高了学生的创造意志力,还培养了学生的团队协作精神。

第三,培养学生的创造兴趣。教师在课堂教学中应注意每个学生在讨论中提出来的“怪问题”,及时记录下来,并与这些学生面谈讨论。可选择一些问题用实验探究,引导学生发现其中的奥秘,从根本上保护学生学习的兴趣。

第四,努力培养学生积极的学习情感。教师在传授知识的同时,必须把情感教育渗透到教学活动的各个环节,突破单纯地注重传授知识和发展智力的局限,把培养学生积极的学习情感放到至关重要的位置,使学生具有积极、主动的学习热情。

第五,创造生动活泼的课堂气氛。教师应提倡导趣、导疑、导创,鼓励学生大胆质疑、发表奇思异想,避免“满堂灌”和“满堂问”。教师由只传道、授业、解惑转变为教学活动的组织者,引导学生积极参加课堂活动,让学生真正喜欢学习。凡是教学内容能够用活动来实现的就最大限度地把它转化为活动,让学生在活动中形成理性认识;有些教学的内容不适宜转化为活动,则创造特殊的情景,引导学生讨论研究。努力培养学生的“问题”意识,是创新学习的关键。要消除学生的自卑与紧张心理。

如何通过基础化学实验教学,在传授知识的同时提高低年级学生学习化学的兴趣,激发学生的创新意识,进而为后续课程的学习和学生科学素质的培养打好基础,是基础化学实验教学改革需要解决的主要问题。笔者基于加强基础、培养能力、提高素质、突出创新的教学改革目标,提出以下化学实验教学改革思路。

(一)改革实验内容,建立多层次实验教学体系

根据“循序渐进”的原则,以激发学生的兴趣和创新意识为突破口,改革分析化学实验教学内容,加强对学生实验能力的培养。在教学的不同阶段选做不同的实验,训练侧重点应有所不同。按照教学大纲的要求,分析化学实验对理科专业开12~14个实验,对工科专业开8~10个实验,非化学专业开6~8个实验,实验开设率达到100%。实验基础阶段:作为基本要求的基础实验,是指那些最为基本的实验,如分析天平的称量练习、基本分析仪器的使用和滴定操作练习等。这是一项基础工程,要求指导教师严格把关,要求学生严格按照操作规范和实验规程做实验,注重学生的基本操作训练和基本知识的学习,做到人人过关。同时培养学生撰写实验报告的能力和严谨的科学态度,只有熟练掌握了这些最基本的技能,才能为后续实验教学奠定坚实的基础。实验提高阶段:本科分析化学对学生能力的培养不只限于实验技能的培养,也不只限于运用分析化学的知识解决分析化学问题的能力,更重要的是培养学生进一步发展创新的能力,这其中包含不断获取知识还有发展和创新知

识的能力。设计性实验是带有初步科研训练性质的实验。例如，我们选择“酸碱混合液中酸碱组分的测定”的实验作为学生进行的第一个设计实验。完成这个实验，主要要求学生综合运用所学的分析化学中酸碱滴定一章的知识。培养学生运用基本理论解决复杂问题的能力，形成了这一课程的特色。综合与创新阶段：高年级进行的综合分析化学实验和毕业论文实践。综合分析化学实验为了缩短教学与实际的距离，开设了与实际生活相关的实验，如“硅酸盐水泥的测定”，此实验选择的是该建筑工地的水泥作为实验对象，使学生认识到所学习的化学知识与自己的生活有着十分密切的关系。在教学中，将教师科研方向、科研题目及科研成果介绍给学生，使学生在教师的指导下，积极主动地参与科研实践。这样不仅给学生提供了理论与实践相结合的机会，而且还培养了学生的综合能力和初步的科研素质。

（二）改革实验教学方式

传统的教学方式和现代化的教学手段相结合是实现教学目标、提高教育质量的重要因素。我们在分析化学实验教学的同时，结合专业的特点及分析化学实验课教学的实际情况，研究探索了化学专业分析化学实验教学改革的新思路。将传统的教学方式和现代化的教学手段相结合，把多媒体引入分析化学实验课的教学当中，可以将一些需要在实验课讲解和演示的内容制作成分析化学实验课件，并与实验课堂教学过程相结合。

发挥学生主观能动性，在设计实验和综合实验中遵从以学生为主，教师服务于学生的基本原则。在设计实验教学过程中，引导学生积极思考，启发学生多发现问题，多动脑筋，让学生自行完成全部实验。对实验中学生的疑问，给予详尽的解释，或与学生共同分析、探讨，并给出一定的参阅书籍、资料。鼓励学生通过查阅文献资料、学习相关学科理论进行方案设计，发挥学生的主观能动性，激发其创新意识。

实验教学与培养学生综合素质相结合。为了培养与社会主义市场经济要求相适应的人才，全面提高学生综合素质，结合分析测试高级资格职业证书的考核，建立起分析测试理论学习的实验技能培训的方案、实验条件和考核标准,使学生完成专业课程的同时能达到国家的分析测试高级职业技能考核的要求,取得国家的分析测试等高级职业技能证书。

四、物理化学

物理化学实验是面向化学专业高年级本科生开设的一门综合性基础实验课,同时又是进行化学专业实验、毕业设计与后续学习科研工作的必要铺垫和基础训练。由于物理化学实验大都涉及较精密的仪器设备,实验技术往往是建立在一套完整的化学理论基础之上的,因此,理论和实践相结合在物理化学实验中显得特别重要。物理化学实验课上,若先由教师对实验原理及整个实验过程进行讲解,会造成学生依赖心理,课前预习敷衍了事,实验操作不够细心,导致实验教学效果受到一定影响。为保证实验教学顺利开展,提高教学质量,教师可以从实验预习、实验过程、实验报告、实验室规则这四个方面进行教学总结,以下分别加以介绍。

(一)实验预习

长期教学实践证明,学生在实验课前认真预习可有效减少仪器破损和试剂损耗,并有效提高实验效率和教学效果。课前预习应要求学生认真做到以下两点。

一是了解实验分组情况,确定实验时间和地点以及自己所做的实验项目名称,专门准备一个笔记本作为实验预习报告本。

二是仔细阅读实验教材,在实验预习报告本上写好实验预习报告。预习报告应包括实验目的、简单的实验原理和操作步骤以及实验时的注意事项等部分,重点是要预习实验设备及装置的使用方法、明确实验要测定的数据和最终要求的物理量,并画出装置图和实验数据记录表格。

(二)实验过程

进入实验室进行实验操作实战,是实验教学的主体环节,应格外重视。

一是正式实验前,由指导教师检查学生对实验内容的预习情况、准备工作是否完成。经指导老师许可后,学生才能开始做实验。首先核对仪器和药品试剂,对不熟悉的仪器及设备,应仔细阅读仪器说明,并请教指导教师。在实验预习报告本上记录室温、大气压等实验环境参数,记录实验材料和试剂的名称、生产厂家、纯度和浓度等信息,实验设备及装置的名称、型号、精度等参数。仪器和装置连接完毕后先不要通电,需经教师检查后才能开始实验。

二是特殊仪器装置须向教师领取,完成实验后及时归还。

三是实验时应按教材进行操作,如有更改意见,须与指导教师进行讨论,经指导教师同意后方可实行。

四是公用仪器及试剂瓶不要随意变更原有位置,用毕要立即放回原处。

五是对实验中遇到的问题先要独立思考,随后和指导教师讨论解决。

六是实验现象和数据应随时记录在实验预习报告本上(不能用铅笔和红笔),记录数据要详细准确。注意有效数字取舍,且整洁清楚,不得任意涂改。

七是实验完毕后,将实验数据交指导教师检查。

八是每次实验完成后应对实验过程中的得失及时小结。这样做有利于进一步加深对实验所涉及知识的理解与掌握,有利于进一步巩固相关实验技能。通常可围绕实验就如下几个方面进行小结:实验成功的经验或失败的教训;对实验所涉及的理论知识的掌握情况和今后的努力方向;实验条件和实验方案的改善意见,包括对实验仪器和药品的准备情况、实验教师的指导以及实验教材中的实验方案等存在的问题提出合理化建议。

九是实验完毕后应清理实验桌,洗净并核对仪器,若有损坏,应报告教师进行登记。经指导教师同意后,才能离开实验室。

(三)实验报告

实验报告是学生对实验结果的最终表达和总结,它与预习报告侧重点不同,能够反映出学生的综合能力和实际水平。通过书写实验报告,能把从实验过程获得的感性认识上升为理性认识,从而进一步巩固实验所涉及的化学理论知识,加深对理论知识的理解。具体应注意以下几点:

一是实验报告须用专用的实验报告纸书写,首页须填写的项目应填写完整。

二是须在规定时间内独立完成实验报告,及时提交给实验指导教师。

三是报告内容包括实验目的、实验原理、主要仪器的型号、药品的规格或浓度、原始数据、数据处理、实验结论、实验讨论及思考题等部分。.

四是实验报告应注意书写规范。对于附图,应在其下方正中书写图名并编号;对于表格,应在其上方正中书写表名并编号。在报告正文叙述中应引用相应图表编号。应尽量采用列表法记录原始数据。

五是实验报告中的原始数据应与预习报告本上的记录一致,并须注明实验环境参数如室温和大气压力等。

六是应尽量使用Excel或Origin等计算机软件来进行数据处理,确需手工绘图的应在坐标纸上用铅笔进行,不能在坐标纸上书写数据处理过程。

七是实验讨论。实验讨论是实验报告水平高低的重要体现。在这里既可对实验结果与文献数据进行比较,讨论实验结果的合理性,又可对实验中的特定现象进行分析和解释,对实验方法的设计、仪器的操作及误差来源进行讨论;同时还可提出自己对该实验的认识和改进及对今后实验工作的建议;进一步可延伸讨论,将该实验与日常生活、工农业生产以及科学进展相联系。总之,讨论范围可宽可窄,取决于每个人对实验结果的分析与体会。

八是每个实验的思考题都是与该实验相关的化学理论和实验技术密切联系的,应结合实验原理、文献查阅和实验结果认真分析,用自己组织的语言阐述。

(四)实验室规则

实验室规则是人们长期从事化学实验工作的总结,它是保持良好环境和工作秩序、防止意外事故、做好实验的重要前提，也是培养学生良好素质的重要准则。

一是遵守操作规则，遵守一切安全措施，保证实验安全进行。

二是遵守纪律，不迟到，不早退，保持室内安静，不大声谈笑，不到处乱走。

三是不浪费水、电和药品试剂。

四是未经教师允许，不得乱动仪器设备，使用仪器设备时应遵守操作规程，如发现仪器设备功能异常，应报告指导教师并查找原因。

五是实验中用过试剂后应及时盖好瓶盖，留意去离子水桶盖子是否盖好。

六是实验中用过的火柴梗和纸张等废弃物只能丢入废物缸内，不能随地乱丢，更不能丢入水槽，以免堵塞下水口。实验完毕将玻璃仪器洗净，把实验桌打扫干净，将公用仪器、试剂药品整理好。

七是实验时要集中注意力，认真操作，仔细观察，积极思考；实验数据要及时、如实、详细地记在报告本上，不得涂改和伪造，如有记错可在原数据上划一杠，再在旁边记下正确值。

八是实验完毕后，由各班班长安排学生轮流值日，负责整理打扫实验室，用垃圾袋带走无毒害废弃物及垃圾，检查水、电、门窗是否关好。

五、高分子化学

近年来，随着科学技术的不断进步和发展，高分子科学与物理、工程、材料、生物、医药以及信息等众多学科知识相互渗透相互交叉，密不可分。作为高分子材料专业的基础专业课的高分子化学课程，与无机化学、有机化学、物理化学和分析化学并称为“五大化学”，已经被大多数理工科、师范类高校作为化学相关专业学生的必修课或是选修课。它以有机合成为基础，与化工原理、数学等学科紧密联系，其中包含了诸多的概念、反应推理，内容多，抽象难懂，学习难度大，学生普遍反映较为枯燥。因此，如何上好高分子化学这门课，提高学生的学习兴趣并产生强烈的求知欲，变被动学习为主动学习，是教师在课程教学过程中面临的首要问题。下面对高分子化学的教学方法进行总结。

(一)注重绪论课的教学

教师在第一堂课上通常是简单地介绍完本课程需要学习的内容以及一些要求后,就迫不及待地开始讲授教学内容。而许多教师发现,高分子化学的绪论课对于调动学生的学习积极性和主动性具有非常好的效果,能极大地激发学生学习本课程的兴趣。由于学生对诺贝尔奖都具有极大的兴趣,可以以专题形式介绍获得诺贝尔奖的高分子科学家的学术贡献。讲解高分子学科的发展史,让学生认识到科学和科技的进步和发展,包括:1920年德国赫尔曼·施陶丁格(Staudinger)发表了“论聚合”的论文,高分子概念的确立;50年代,德国卡尔·齐格勒(Karl Waldemar Ziegler)和意大利居里奥·纳塔(Giulio Natta)发明配位聚合催化剂,解决了丙烯难以聚合的问题,使石油裂解产物得到充分利用,对化工业的贡献巨大;80年代,新西兰麦克德尔米德(Alan G. Mac Diarmid)发明了导电高分子,使功能高分子得到大力发展。同时,通过举例介绍高分子科学在工业、农业、国防、航空航天、能源环境、建筑、生物医药以及日常生活中的广泛应用,让学生充分认识到高分子与日常生活和国民经济的密切关系。例如,应用可降解的聚乳酸作为手术缝合线,可进行自降解吸收而不必拆线;应用在航空航天及国防上的各种特种高分子材料;我们日用的食品保鲜膜、保鲜袋和制作衣服的涤纶、尼龙和聚酯纤维等全都是高分子材料。使学生清楚地认识到高分子材料与人民的生活、工业生产都是息息相关的,从而认识到高分子化学的重要性,可以极大地激发学生的学习兴趣。

(二)优化教学课程内容

高分子化学是以聚合反应和聚合物化学反应的机理和动力学为主线,主要包括高分子的基本概念、聚合物分类逐步聚合、自由基聚合以及离子聚合方法等主要内容。在教学中,由于课时以及一些客观原因,不可能对全部的内容进行详细的讲解,因此需对高分子化学的课程内容进行调整、重组和优化,进一步完善教学内容体系。首先,保证对基本原理、基本概念的讲解。其中,对传统经典的高分子理论,即高分子的基本概念、逐步聚合、自由基聚合以及自由基共聚进行重点讲解。例如,在讲授自由基聚合的时候,需重点讲授聚合机理和热力学、聚合速率及动力学和聚合度及其分布等内容;对阻聚、缓聚等内容作简单介绍即可。其次,在授课过程中不拘泥于教材内容的排序,注重对各知识点进行重组和精炼,兼顾高分子化学最新的科技进展,适当增加最新的研究成果和研究热点的教学比例。例如,对活性自由基聚合、ATRP聚合、RAFT聚合生物医用高分子、超支化自组装高分子等内容进行讲解,开阔学生的视野,从而提高学生的学习兴趣和主观能动性;一并做到重点突出,主次分明,在有限的学时分配中提高教学效率,改善教学效果。

(三)教学方式的多样化

高分子化学有"五多"的特点:内容多、概念多、头绪多、关系多、数学推导多。由于高分子化学有很多抽象的概念和理论,如果都是采取以教师在台上从头讲到尾的"填鸭式"教学方式,学生听课会感觉枯燥,凭空想象难以理解。因而在讲课方式上,应采取多样化的形式来激发学生的学习兴趣。一是运用多媒体中图片、文字、声音和动画等方式来辅助教学,使一些抽象、难以理解的概念变得形象、直观,让学生易于理解和学习,从而提高教学效果。二是有意识地运用互动式教学,避免照本宣科,像有些认知性的章节采取让学生分成小组,课下一起准备PPT,课上让小组派代表来讲课;讲解公式推导的时候,让学生参与进来,和老师一起推导演算,激发学生参与教学的积极性,拉近老师与学生的距离,活跃课堂气氛,激发学生学习的兴趣,提高高分子化学的教学质量;除此之外,邀请本校从事高分子方向研究的教师来给学生就高分子科研的最新进展与动态作专题报告。三是教师可以充分利用互联网工具,将电子教案、教学课件发布在校内的教学论坛上,通过高度的资源共享,让学生能随时查阅学习,发挥网络辅助教学快捷的优点。与此同时,授课教师可将自己的电子邮件和QQ号等公布给学生,当学生学习上碰到问题和困难时能及时快捷地与教师进行沟通交流,从而促进教学效果,调动学生学习的主动性和积极性。

第二节 实践应用课目的教学总结

一、化学反应工程

下面以“雨课堂”教学模式为例，探讨分析化学反应工程的教学总结环节。

2016年6月16日，慕课平台学堂在线推出了一款由学堂在线与清华大学在线教育办公室共同开发的免费交互式智慧教学工具——雨课堂，旨在解决线上线下混合式教学中缺少互动工具与管理平台的问题。“雨课堂”的出现提供了一种全新的“互联网+”教学新模式：它作为一个和PPT兼容的小插件，将微信、PPT以及网络资源结合使用，不需要对教室改装，也不需要其他硬件的投入，是一种使用便捷且成本低廉的混合教学模式实现手段，目前已在很多高校推广使用。

基于此，教师可以根据化学反应工程课程的特点和教学过程中存在的问题，结合化学工程与工艺专业“高素质应用型化工技术人才”的培养目标，以“雨课堂”为载体，在课外预习、复习与课堂学习之间建立沟通桥梁，引导学生自主学习，让师生互动永不下线。

化学反应工程是开设在大三下学期的一门专业课程，主要教学内容包括五章。将“雨课堂”引入化学反应工程的教学环节中，一方面需要明确教学主体老师和学生的各自分工，另一方面需要明确课前、课中和课后三个教学环节教学主体的主要任务。新学期开始上课之前，先建立上课班级，并上传不同章节课件、课前预习课件、课后自测习题以及课件相关的视频、习题和其他网络学习资料供学生线上学习。教师可以实时掌握学生线上学习动态，形成过程性考核依据；同时学生根据预习情况可以对课件中的疑难问题进行标记或者线上留言，教师根据学生预习情况和留言内容有针对性地进行课程的线下讲解，使得传统课堂教学单一的互动模式和不可监测的互动效果都有了较大改进。

每次课结束后，“雨课堂”会自动在教师端推送本节课学生学习表现，包括在随堂答题中表现最好的三位学生、答题用时较长且错误率较高的预警学生以及每道题的正确率等统计数据。教师可以根据“雨课堂”推送的数据对后进学生重点关注，并持续跟踪其后续表现，必要时可以单独谈话辅导，力争让每位学生都能保持良好的学习状态。

学生在课下根据老师推送的内容进行线上学习，包括下次课的预习课件和本次课的课后测试。学生完成提交以后，教师端会看到每位同学的学习时间、学习时长、答题总用时以及正确率等数据，为下次课的课程设计、整体教学节奏的把握提供有力支撑。

此外，“雨课堂”还设置了“讨论区”和“私信”功能，以满足学生的不同沟通需求，可及时无障碍地和老师交流反馈。老师有任何最新通知或消息，可以通过“群公告”模块发布，全体学生均可以看到。每次授课结束后，教师可以将本次课堂表现较好的学生以及答题结果分析数据发送到群公告，学生通过该公告了解自己本次课的学习情况，随时随地巩固知识。

二、化工工艺学

下面以“一体化”教学模式为例，探讨分析化工工艺学的教学总结环节。

在实施“一体化”教学以后，教师可以从以下几方面进行总结。一是教学设计，教师从传统的教学概念转变为先进的教学理念，重视教学与工作实践相结合。二是教学辅助手段真正实现了多样化。为增加学生的直观认识，教师精心制作和使用多媒体课件辅助教学，使教学内容更加直观可视化、更易懂，与之配套的电子教案更精致、生动。三是教学形式的多样化。以任务驱动为导向，把教学过程和工作实践结合起来，同时教学实施、评估、讨论和反馈形式也灵活多样。

师生融合，学生不再惧怕理论学习，学习主动性得以提高。在“一体化”实施过程中，许多教师真切地感受到课堂在发生变化，以往沉闷的课堂变得活跃了，以前总是趴着睡觉不愿意动的学生终于抬头看教师了。在师生之间的充分互动中，学生的表达能力、团队合作能力和实践动手能力都会有很大的提高，同时学生的变化反过来也在激励着教师们，促使任课教师更多地投入教学工作中。

三、化工传递过程基础

化工传递过程基础是以过程中动量传递、热量传递、质量传递基本规律及主要单元操作的典型设备构造、过程计算及实验研究方法等为研究对象的一门课程。其应用领域在超重力纳米技术、过程强化控制、高分子科学、生物技术等方面都有重要应用。随着化学工程学科的理论和实践的不断发展,对传递过程的理论和应用提出了新的要求。

化工传递过程基础分为三篇,分别是动量传递、热量传递、质量传递,简称为“三传”。其中的很多概念、定律在形式和内容上存在相似或关联之处,同时还存在差异,为对比归纳教学提供了很好的平台。对比思维通过对两种相近或是相反事物的对比进行思考,寻找事物的异同及其本质与特性。

(一)“三传”的相似性

在教学过程中,教师如果能恰当地运用对比,学生就容易理解所授知识而且记忆深刻,可以起到事半功倍的作用。例如,对于动量传递,教师向学生讲述了流体在管道中流动的速度分布情况,引入速度梯度的概念后。在讲述随传热距离而引起温度变化的温度梯度概念时,首先引导学生回顾速度梯度的概念和定义,然后从形式上进行类比,得到温度梯度,接着将二者在内容上对比,最后找出传递过程中的共同特征和差异。进行这样的教学讲解,既巩固了前面所教知识,又引入了新知识;既生动具体,又条理清晰,易于学生接受和理解。相同的方法还可以应用到“三传”现象定律公式、通量的普遍表达式、传递规律及机理。

(二)传递过程与单元操作的对比

传递过程之所以能够发展成为一个专门的领域,主要是由于:单元操作分类逐渐明晰,“三传”特别是质量传递研究日益深入。绝大多数的单元操作演变为传递过程领域,可以看作是化学工程发展历史的一个缩影。

1915年,Arthur Little博士在给麻省理工学院校长的报告中写道:任何化工过程，不管其规模多大多小，都可以认为由一系列可以称为“单元操作”的过程所组成。这些“单元操作”包括干燥、结晶、过滤、蒸发和电解等。根据Little博士的定义，单元操作可以看作化工过程中的一个个通用的构建模块，它们可以按照不同的需要被组装到各个具体的过程中。各种单元操作的内在特性在不同的应用场合基本相同，只是具体的操作条件和设备条件会有所区别。现如今，教科书中把这些包含在不同化工产品生产过程中、发生同样物理变化、遵循共同的物理学规律、使用相似设备、具有相同功能的基本物理操作，称为单元操作。只有将各种不同的化工过程分解为单元操作来进行研究，才能揭示其共性的本质、原理和规律。以“干燥”这个单元操作为例，可在染料、造纸、制药等有机工业中使用，也可在制碱、陶瓷、制盐等无机工业中使用。单元操作是行业共性的归纳和抽象，而传递过程则是行业共性在科学机理层面上的进一步概括和抽象。因此，可将单元操作分为三大类，其中，如流态化过程、喷雾干燥过程是三种传递同时发生的过程。传递过程是在对化工单元操作深入了解的基础上进行的化工生产过程的又一次归纳与飞跃。教学中要充分重视传递过程与单元操作的联系与区别，引导学生运用动量、热量、质量传递的原理，深入细致地分析单元操作过程的内部机制；揭示过程间的内在联系。此举对各种化工单元操作过程和设备的设计、研究、开发都有重要的作用。

（三）自学讨论与精讲相结合教学法

由于化工传递过程基础所涉及的内容很多（三篇十二章内容），教学课时数有限，完全讲解时间不足。所以，一方面强调学生自学十分重要；另一方面，教师必须围绕教学目的对众多内容进行精心选择，合理安排讲解。

（四）自学讨论

化工传递过程基础中“三传”的内容具有相似性，教师可详细重点地讲解动量传递，通过自学讨论的方式学习热量传递和质量传递。由教师提出自学内容与要求，上课时选一个学生重点发言，其他学生讨论。针对学生自学后存在的问题由教师进行重点讲解或总结。为了保证自学的效果，讨论课上的发言情况将记入平时成绩。在教学实践中发现，讨论课的良好气氛是逐渐培养出来的，学生的发言也随之逐渐变得活跃。比如，有这样一道思考题：早期的高尔夫球表面是非常光滑的，但是后期制造时，在高尔夫球表面刻上了一些很细的条纹。试问为什么要这样做？该题目可以使学生更深刻地理解边界层分离现象。在讲课中注意篇与篇之间的联系，培养学生理解记忆，举一反三，触类旁通，这样原本大量的公式就变得容易记忆了。此外，在习题讨论课上，找一些综合性的典型例题，提出问题，让学生充分讨论，发表意见，教师做引导和总结。在讨论的过程中，通过争论、探讨，提高学生分析问题、解决问题的能力，学生对问题的理解在探讨中升华。这种方法培养了学生的自学能力，使学生对教材上列出的内容能有较好的理解。

（五）精心组织教学

教师应以加强基础知识教育、建立完整理论体系为原则，精选教学内容，并适当介绍最新的研究应用成果。重点精讲的内容主要有传递过程中所涉及的基本概念、基本规律，传递基本规律对实践的指导作用，补充的教学内容等。教师的作用在于介绍学习的方法和技巧，培养学生分析问题、解决问题的工程实践能力。对于化工传递过程基础课程的学习方法，学生应抓住以下几点：第一，确定物理模型；第二，阐述三传所遵循的三个基本物理过程的规律；第三，根据上述物理模型，分别建立动量、热量和质量传递的基本微分方程，即建立数学模型，将已知的物理问题归纳为数学表达式；第四，根据具体问题，确定定解条件；第五，方程简化、求解，求出速度、温度或浓度分布规律；第六，得到传递速率。

英国的《新科学家》提出，在第21届索契冬奥会上，运动员的新科技装备也让人眼前一亮。美国的安德玛公司透露，利用动作捕捉和航天航空工程学技术为速滑运动运员打造更好的滑冰服，利用了空气动力学的原理，可以减少阻力。美国的高山滑雪运动员会依靠碳纳米管把滑雪板的各层固定在一起，以在不平整的路面上保持相对的稳定。这两个实例都是以动量传递为基础的应用。

（六）多媒体及仿真技术在化工传递教学中的应用

在教学中，采用多媒体与板书相结合的方式教学，既节省了课时，又能营造出和谐轻松的课堂气氛。同时，将抽象的传递机理及传递过程通过多媒体或动态仿真技术，更生动、更直观地展现出来，也更容易理解知识点。通过列举大量生活中、工厂里常见的例子，让学生将课堂学到的理论、公式，与生活和将来的工作紧密联系，真正做到学以致用。如过桥米线的起源以及利用砂锅传热速率慢的原理来达到保温的效果，通过这样的举例、讨论，使学生对这门课产生了浓厚的兴趣，由被动学习变成主动学习。这种教学方式可以让学生真正感受到了化工传递过程基础课程的重要性。

第三节　专业延展课目的教学总结

一、化工技术经济学的教学总结

化工技术经济学有多种教学模式，现以在线课程化工技术经济学的教学模式为例，分析化工技术经济学的教学总结环节，总的来说，可以从以下几方面进行。

（一）课前准备

课前准备时，教师要“磨”教学平台，又要“磨”教学内容。每一次课投入了更多的准备时间，效果如果差强人意，说明还没有“磨出刃”，要继续改进和完善，总结教学准备环节中的不足。

（二）教学过程

在线上教学中，面前没有“真”学生，虽然早已设计好了课程计划，也录制好了视频，进行了教学设计，但面对屏幕的课堂更难上，还需要进一步演练，找到“主播”的感觉。

（三）课后反思

要制作属于自己的“剧本”，把教材中的内容演活。这是一项大工程,需要投入大量的时间和精力,更需要与有经验的老师多交流。

二、化工环保与安全

化工环保与安全,可以从以下两个方面进行教学总结。

(一)培养学生的环保理念

在化学的教学当中,绿色化学的概念指的是借助新型的化学工业技术,从根本上杜绝和降低在制造和使用过程中产生的,对社会环境、人类健康的有害物质。

1. 在化学课堂中渗透环保理念

在化学实验的教学当中,教师一定要注意向学生合理地渗透一些相关的环保理念。要告诉学生在进行化学实验作业时应该注意做到:第一,在实验过程中,如果碰到一些可循环使用的原材料,一定要进行反复利用,因为在不断的循环使用过程中,可以减少一些化学原材料的成本。第二,要注意尽最大可能减少废弃物。第三,对于一些不可再生或者不能回收利用的原材料尽量不要使用。第四,对于一些可以重新加工的废弃物,可以考虑在化学实验当中使用。

2. 保证化学实验中的操作规范性

在化学实验的教学当中,一定要注意不断地给学生渗透环保理念,可以有效地帮助学生在无形当中形成环保理念,并且逐渐地形成强烈的环保责任感。作为社会当中的一分子,学生一定要有时刻保护自然环境的意识感。所以在开展化学实验教学的具体工作时,教师一定要严格地规范化学实验操作的规范性,要注意以身作则,给学生树立起一个良好的学习榜样。例如,在化学实验课堂的操作过程中,教师一定要注意及时地回收实验过后所产生的一些废弃物;在制备一些化学液体的过程中,一定要防止药品的挥发和洒落等。教师要在平时的课堂当中给学生做一个学习的榜样,这样才是行之有效的化学实验规范表率,从而使学生树立起强烈的绿色化学实验的意识。

3. 合理的处置实验产生的废弃物

在化学实验课堂中,会产生一些有害物质,这对学生的身体健康有影响。因此,在保证化学实验结果正确的前提下,教师应该注意要完善实验的操作方法,以此来降低实验过后所产生的危害物质。例如,在进行半微型实验时,在保证实验安全性的前提之下,要尽最大可能地减少一些药品的用量等。这样不仅可以安全地完成实验,还可以节约成本,实现绿色化学实验的意义。

(二)主张使用绿色化学原料

在化学实验的过程中,要注意对现有资源的科学合理地使用,在实验选择原材料问题时,要积极地选择一些能够可再生的无毒害的原材料,同时要保证原材料是安全的。比如,在具体的化学实验课堂上,教师可以引导学生要在保护环境的基础之上,来制订一些合理的实验方案。在原料的选取上,积极选择一些毒害较低的原料。如在制取乙炔的化学实验时,如果选择的原材料是天然气,那么在进行实验的过程中就会产生较低的费用和成本。

化学虽然是一门比较基础性的学科,但化学实验性是非常强的,所以化学实验在教学当中也是非常重要的。我国自然环境的污染问题越来越严重,开展绿色化学实验课堂就是为了能够尽可能地减少和杜绝一些对环境的污染问题。培养学生绿色环保的理念不仅可以使学生产生强烈的保护环境责任感,同时还可以在根本上提高学生在化学实验课堂中的学习效率。从而把绿色环保理念深入每一位学生的心中,更好地做好保护环境的工作。在绿色化学实验课堂当中,教育工作者一定要积极地寻找一些有效的环保措施,要注意科学合理的开展绿色化学实验,从而实现绿色环保教育目标。通过学习使得学习理解人类和自然环境和谐相处下去的重要意义,最终实现我国的可持续发展。

第八章 化学工程与工艺专业的教学效果评估与检测

化学工程与工艺专业的教学效果评估与检测,应建立相应的体系,针对不同课程类型,制定规范、严格、有效的考核评价机制。任何形式的课程考核评价,都要将过程评价和终结评价方法有机结合;针对不同课程的特点,制定具体的、全面的考核评价指标和内容并赋予分值;实践课程和理论课程一样采用百分制记分法。对于实验类课程,除了对预习情况、实验操作情况、实验报告撰写情况等进行考核外,还应设置笔试考核,以便考查学生对实验内容、原理、关键步骤、操作要点的掌握和理解。除实验类课程外,其他类型的实践课程由于周期长,可采用分阶段考核的方式,并制定阶段考核的具体内容和考核方法。为了激起教师对实践教学的重视,应对教师的教学质量进行评价,可以通过督导听课、检查授课材料、学生评教等方法进行。

第一节 基础原理课目的教学效果评估与检测

一、无机化学的教学效果评估与检测

(一)无机化学理论

翻转课堂是一种新型的教育教学方式,将传统意义上的课堂内容和课外颠倒,学生的课前预习也和传统课堂完全不同。课前或者课外时间,学生需要观看学习教师创建的微视频;在课堂上,以教师的答疑解惑为主;课后针对一些跟不上进度的学生进行个别辅导,尽量做到兼顾。翻转课堂中,教师创建的视频是传统课堂中教授的重点知识。教师把传

统课堂中的主要教学内容，录制成简短的视频，也就是微课程，作为翻转课堂的一部分。从实际教学来说，微课程不能完全代替教师的作用，翻转课堂上还必须有师生之间、学生之间的交流互动。所以，可以将翻转课堂应用于无机化学教学的效果评估与检测之中。

无机化学理论教学的评价体系：结合翻转课堂教学模式特点、无机化学理论课程性质和学生实际情况等，可以提出翻转课堂教学效果评价指标表（见表8-1）。

表8-1　翻转课堂教学效果评价指标表

<table>
<tr><th>评价项目</th><th>一级指标</th><th>二级指标</th><th>三级指标</th><th>备注</th></tr>
<tr><td rowspan="15">教学效果</td><td rowspan="12">课堂表现</td><td rowspan="3">学生活动</td><td>活动态度</td><td rowspan="9">教学参考
（课堂定性指标）</td></tr>
<tr><td>活动广度</td></tr>
<tr><td>活动深度</td></tr>
<tr><td rowspan="2">课堂气氛</td><td>宽松程度</td></tr>
<tr><td>融洽程度</td></tr>
<tr><td rowspan="2">教学目标</td><td>目标达成度</td></tr>
<tr><td>精神状态</td></tr>
<tr><td rowspan="2">学习能力</td><td>无机化学学习能力</td></tr>
<tr><td>其他学科学习能力</td></tr>
<tr><td rowspan="3">分析、解决问题能力</td><td>小组提问</td><td rowspan="3">占总评成绩28%
（课堂定量指标）</td></tr>
<tr><td>个人提问</td></tr>
<tr><td>个人回答</td></tr>
<tr><td rowspan="2">平时作业</td><td>课后作业</td><td>正确率</td><td>学生自评、巩固</td></tr>
<tr><td>各章作业</td><td>正确率</td><td>占总评成绩12%</td></tr>
<tr><td>终结性考试成绩</td><td>期末测试成绩</td><td>卷面成绩</td><td>占总评成绩60%</td></tr>
</table>

1. 评价体系的准备工作

(1)学生课堂表现评价表的编制。由表8-1可知,评价体系对学生课堂表现设计了定性参考指标和定量考核指标。前者帮助教师从学生的表现中不断调整自己的教学策略,促进教师的成长;后者则将学生的课堂表现记入总评成绩中,保障了翻转课堂的实施。在此基础上,进一步完善课堂表现评价指标细则,完成评价表的编制。

(2)课后作业的选择。以知识点为单位,每个知识点上都从教材中选择一定数目和不同难度的课后习题,用于教学过程中的作业与巩固。由于该部分习题的主要目的是在平时学习中帮助学生自评,巩固和强化新知识,且题量非常大,所以由学生交叉检阅,其结果不计入总评。

(3)章节作业的编制。为了避免学生从网络或课外辅助书籍上搜查答案从而影响检测结果,特编制各章课后习题,由教师批阅,用于检测学生各章学习效果。

(4)期末测试卷的编制。编制两套难度相似的测试卷,分别用于采取对照实验的两个平行班无机化学期末测试,用于检测学生最终学习效果。

2. 评价实施

(1)课堂表现。教师在课堂当中,根据学生小组或个人的表现,一方面依据定性评价指标考查的结果,及时对自己的教学进行调整;另一方面依据定量评价指标进行考查,给予小组或个人相应的分值,记录入总评表中。

(2)章节作业。学生完成每章作业后,教师及时批阅,并将结果记录入总评表中。

(3)期末测试。期末对学生进行统一的闭卷测试。教师批阅试卷,并将卷面成绩记录入总评表中。

3. 数据收集及处理

下面,可以通过教学对照实验来分析探究基于翻转课堂的无机化学理论教学评价体系的实际效果。

由于对照组的传统教学中无定量指标考查学生课堂表现,不能与实验组进行相应比较，因此只能从课堂表现中定性评价的四个二级指标来说明。对照组与实验组学生课堂表现定性指标对比如表8-2所示。

表8-2　两组学生课堂表现定性指标对比表

二级指标	三级指标	对照组	实验组
学生活动	活动态度	差	好
	活动广度	窄	宽
	活动深度	浅	深
课堂气氛	宽松程度	宽松	宽松
	融洽程度	无表现	融洽
教学目标	目标达成度	低	高
	精神状态	消极	消极—抵制—积极
学习能力	无机化学学习能力	有所提升	很大提升
	其他学科学习能力	几乎无影响	很大提升

从表8-2可以看出，在学生活动方面，因为翻转教学更加注重学生的积极主动参与，所以实验组学生在活动的态度、广度和深度三方面均有良好表现，均比对照组更加有优势，这是翻转教学更加重视学生主动学习所形成的结果。

在课堂气氛方面，两组学生的课堂气氛均较为宽松，但由于实验组学生有更多的主动学习行为，促进了学生与学生、学生与教师之间的交流，因此显得课堂气氛更加融洽。

在教学目标方面，实验组的达成度高于对照组，而且其解决问题的方式和手段也更加灵活、多样。这是由于翻转课堂在侧重学生自主学习的时候，就必定要求学生对自身的学习、研究方法不断提升、改进，强调了学习的过程与方法。同时两组的精神状态也有明显的差异，尤其是实验组的学生，出现了由消极到抵制再到积极的复杂过程。这是由于实验组学生从小学到大学，接受的均是传统的教学模式，数十年的接受式学习,让学生已经习惯于被动学习。翻转教学积极主动的要求让他们很难接受,感到学习无从下手。因此他们不愿意主动,也不知道该如何主动。这种对于学习的茫然无措,造成学生对于新教学模式的抵制,期望通过抵制的方式来让教师回到原来的传统教学模式,主要表现为:课堂表现不积极、课后与教师的交流中有诸多抱怨。随后,在教师的坚持以及教师与学生的积极沟通中,学生破而后立、重塑信心,努力寻找适合自己的主动学习方式,学习态度也逐渐转变得积极。此转变过程在该教学改革中会持续四周左右。

在学习能力方面,随着学生心态的积极转变、学习方法的调整,实验组学生在无机化学的学习能力方面也得到了提高。这种提高是针对于学习方式方法的,不仅对学生学习无机化学有积极的帮助,而且学生在其他学科的学习方法上也有明显积极的改善,促进了学生对其他学科的主动学习。

(二)无机化学实验

在无机化学实验传统的考核方式中,实验报告的书写占据了较大的比例。实验报告主要由实验目的、实验原理、实验仪器和试剂、实验步骤、数据处理和思考题构成。这种考核方式忽略了学生在实验过程中的动手操作能力、实验设计能力以及观察实验、分析实验的能力,因此考核方式不够客观全面。实验课程的考核方式应能全面反映学生的综合素质,因此除了书写实验报告外,还应将考核比例向课堂上的实验操作倾斜,应将实验过程中学生的设计思路、操作规范程度、所得实验现象纳入综合考评中,构建多元的考核体系。

目前大部分的实验课程(无机化学实验也不例外)的考核方式都较单一,主要以学生的实验报告及期末考试成绩为评价标准,对学生在实验课程前的预习、思考及对文献的查阅的考核较少,对实验过程中的操作技能、思考问题和解决问题的能力的考核几乎为零。而将实验内容与科研项目相结合,让学生在实验前查阅文献、设计实验方案等教学方式,更能综合地了解学生的实验综合水平。期末考核应综合考虑实验所涉及的理论原理与学生对实验操作技能的掌握。

实验课作为开设的一门独立的主课程,必须逐步健全和完善相关的考试制度,多年来的实践,充分证明了考与不考的效果大不一样。成功的考试是能帮助学生重视实验、提高学习自觉性的有效手段,是促进教学相长的有力措施,严格执行考试制度,也是提高实验课的应有地位,克服“重理论、轻实验”传统观念的有效办法。

实验考试的方式有多种多样。总的来说,有笔试和操作考试两种,或两种方式结合并用。虽然操作考试的工作量较大,但为了逐步扭转传统的“重理论、轻实验”的偏见,我们的重点应放在抓好这种操作考试的工作上。

操作考试的内容一般有两类。一类是单元操作考试,例如要求某学生单独完成一项减压过滤操作或天平称量操作。另一类是综合操作考试,即许多单元操作结合起来,完成某一实验题目。例如要求学生精确测定某一酸溶液的浓度,提纯一份硫酸铜晶体,制备某一化合物,检测某个物质,分离某些混合离子等。

在进行综合性操作考试时,一个教师可以监考数个学生。为了简便记成绩,只需要当场记下每个学生的错误操作,事后根据评分标准统计给分。

学生的“无机化学实验”课的总成绩,应以考试成绩结合平时成绩,统一评分。平时成绩占总分的多少,各校规定不一。平时成绩要不要打分,如何打分,各校都有规定。

实验考试的评分,有百分制(特别是笔试)、五级分制或其他记分制。如果采用百分制,以下面的比例转换为五级分制比较合适:90~100分为优,80~89分为良,70~79分为中,60~69分为及格,60分以下为不及格。考试不及格者,要不要补考,各校自有章程。

二、有机化学的教学效果评估与检测

(一)有机化学理论

有机化学理论的教学效果评估与检测,应结合教学模式,坚持理论与实践并举,除了考核学生对基础知识、基本理论和基本技能的掌握情况外,突出对学生分析有机化学实际问题和解决问题能力、动手能力的考察，重视对学生实践能力、创新意识和学习能力的培养，实施过程考核。最终考核上可以分为理论闭卷考试、学习态度（考勤、平时问答及表现）、集体合作意识（课程小组讨论表现、课程教案、科普论文制作）等几部分，并按照比例进行综合评分。其中，有机化学理论考核在期末组织进行，其他部分由担任课程教师共同制定出一个统一标准，从而进行多元化过程考核评价。

同时，教师应转变传统的考核观念。有机化学理论课程的教学成绩考核，一般以期末考试为主，兼顾学生的平时成绩与学生的考勤。但是在知识爆炸的时代，“学习”已经从阶段性的学校学习转变为终身学习，从注重识记内容的学习，转变为注重学习能力的培养。如果单纯从考试成绩判断学生接受知识能力和学习能力的优劣，将是片面的考核方式，某种程度上还会禁锢学生的创造力。但是站在学生的角度，成绩的高低又涉及个人的评优、评奖，因此大多数学生非常看重每门课程的最终评分。为了培养学生分析、解决、发现和提出问题的能力，同时又兼顾对学生成绩的评定，在教学之初，就提出“积极回答问题、敢于提出问题”的要求，并且对一些具有代表性、总结性的问题给予一定鼓励，具体体现就是在期末总成绩中占比10%。占比虽小，但有利于学生思维能力的开发和增强学生的自信心。作为教师，此时要充分肯定这类学生的积极思考，并向其他同学征询解决方案，然后给出总结性的评价和结论，下一步还可以提出更深层次的问题。对于在这一过程中发现问题、积极提问、认真思考的学生作加分记录。学生对自己能发现、提出和解决一个新的问题感到很有成就感。实践证明，学生在课堂内外都会积极和教师沟通，提出一些新颖的想法和思路，对教师的教学也是一个促进作用。

（二）有机化学实验

1. 考评机制创新与改革的必要性

近年来，我国高校的有机化学实验教学改革在实验内容、教学模式、教材建设等方面取得了较大的成就，同时，相对应的课程考评机制的改革也非常重要，且有一定的提升空间。学生的有机化学实验成绩应综合反映学生对化学知识、实验技能、学习能力、创新意识、创新能力、团队合作精神等多方面的水平与能力,合理的考评机制是强化学生学习的动机、激励学生提高自身综合素质的有效手段,同时也是体现教师教学效果的一个重要途径,对于评价教学质量、反馈教学信息等方面有重要作用。因此,考评机制关系到教与学的多个方面,关系到基础化学实验课程的学风与教风。

传统的有机化学实验课程中,教师对学生的成绩评价通常由预习报告、实验操作、实验结果(产率与纯度)、实验报告、实验习惯等方面组成。在新形势下的教改模式中,高校教师应进行探究性的实验教学,倡导多种模式的课堂教学模式,应比以往更加强调重视每个学生的个性与特长。教师应该因材施教,激发学生的学习自觉性和主动性,培养学生独立学习的能力和创新意识、创新能力,更加强调对学生的理解能力、发现并解决问题的能力、论辩与表达能力等的培养。同时,教师也应非常注重有机化学实验课程学习中学生的团队合作的精神的培养。因此,如果没有一套具有有效激励功能,可以公平与合理地评价学生实验课程成绩的评价机制,将不利于高素质、综合型的优秀人才的培养。改革模式下,新的有机化学实验课程考评机制应具有激励功能,体现了教育性功能,考评内容应强调学生的理解能力、发现并解决问题的能力、论辩与表达能力,体现学生团队合作精神等。考评标准应是明确而细化的,学生课程成绩是多项指标累积的综合评定。

2. 建立具有有效激励功能的考评机制

激励包括正向激励和负向激励:正向激励可以促进学生学习的兴趣与热情;负向激励则是使得学生应付课程与实验,实验过程拖拉、不积极,甚至个体的负面情绪影响教学氛围。而良好的课程评价机制应具有正向激励的功能。

教师倡导学生进行探究性的化学实验,其中涉及文献查阅、方案设计、团队合作、课堂与课后讨论、实验项目PPT展示与答辩等。如将探究性实验的综合分权重增加,将会引导学生注重广泛阅读、自主学习、团队合作、发现并解决问题、论辩与表达等方面的能力发展。

3. 考评机制教育性功能的体现

课程考评应将考核和评价当作手段,以促进学生全面发展作为目的。教师应重视每个学生的个性和特长,因材施教,激发学生的学习自觉性和主动性,培养学生独立学习能力和创新意识、创新能力,以使其个性全面自由发展。同时,学生课程成绩也是体现教师教学效果的一个重要手段与途径,对于评价教学质量、反馈教学信息等有重要作用。因此,要充分体现考评机制的教育性功能,如改变"在期末集中考评,考完学期就结束了,给个分数递交教务处"等现状,我们可以多次、多角度、全方位地考核与评价,及时、不断地将考核与评价结果反馈给学生。教师与学生应及时总结教与学过程中存在的问题,并不断加以改进与提高。

4. 目标明确、重点突出的考评机制

实验教学改革模式下的考评应更加注重学生综合素质的培养和提高,要有利于挖掘学生的潜在能力,形式可以多样化。重点考查学生的理解能力、发现并解决问题的能力、论辩与表达能力等。可设置没有标准答案的问题,让学生尽量发挥其创造性思维,将有助于带动学生进行更深入的思考。

如有机化学实验课程的成绩评价标准可以为:实验精神(态度)占40%、预习报告占10%、实验纪律占20%、实验报告占30%,强调实验精神与态度的重要性。

5. 明确而细化的考评标准,多项指标累积的综合评定

考评方式的不同将会导致课程成绩评定的不同。考核与评价方式都应有明确的考核标准并加以细化,采用分次累积的计分方法,避免单一指标评定的弊端,确保每个学生成绩的公平性。教师参考学生实验过程中的表现、实验结果、实验报告情况、平时在课堂上的讨论情况,以及实验项目答辩情况、各次测验成绩等多项指标,按照比例,对学生成绩进行综合评定。而且,课程考核的成绩评定,可与课程负责人、实验助教等共同完成,克服评定的主观性,保证成绩评定的客观性及公正性。

有机化学实验课程的评价细则中,可以细化扣分标准,同时强调安全与环保。如规定实验室为严肃工作的场所,为维护大家的安全,不得

在实验室内嬉笑怒骂、抽烟、喝饮料、吃东西及嚼口香糖,手机应关静音;实验课必须戴框式眼镜保护眼睛(戴安全眼镜、近视眼镜或平光眼镜均可,最好是安全眼镜,禁戴隐形眼镜),实验中不可取下眼镜,每取下一次,扣5分。

例如,有机化学课程的考评标准可以这样调整:实验预习占10%,产品占55%(其中,按时递交占15%,产量与纯度各占20%),实验报告占35%。这就要求实验的完成必须是"既快、又好"的。

6. 以培养实验操作能力为导向的考评机制

学生实验能力的考核是检查实验教学效果、促进学生巩固相关知识的重要措施。长期以来,有机化学实验平时成绩考核主要以学生的实验报告成绩为依据,往往导致学生重视验报告、轻视验操作。为此,教师可以从改变传统考核方法入手,将有机化学实验考核成绩分为平时实验操作考核、期末操作技能考试和开放性实验完成效果评判三大块。在每个独立的实验中,依据实验室纪律、实验操作规范、实验室卫生、课程出勤情况给出实验操作考核分数。另外,可以建立实验理论和实验技能操作项目考试题库,学生随机抽题独立操作,有机实验教研室全体教师参与监考,综合评定学生的操作成绩。开放性实验的考核分两步进行,第一步是综合性实验设计考核,教师将拟合成的化合物告诉学生,例如"水溶性酚醛树脂的制备",以水代替有机溶剂,对人体危害小,是一种广泛的应用有机材料。让学生查阅相关资料,然后设计方案,在教师指导下进一步完善实验方案,经审核和评分后,才可以进入实验室操作。然后根据学生实验过程中的基本操作规范与否、熟练程度以及对合成目标产物的产率、质量等进行评分。另外,实验教学注重突出学生的主体地位,除了让学生可以自己选择实验装置和方法,还鼓励学生多思考、多提问。学生对教学内容有自己的想法就会提出问题,教师可以设置激励措施,用加分的形式奖励学生,提高学生的学习主动性。比如在1-苯乙醇的制备中,学生会问到苯乙酮为什么要在搅拌下滴加,如果不搅拌会怎样?为什么盐酸也要边搅拌边滴加?这些问题都可以引导学生从所学有机化学知识中寻找理论依据。久而久之,他们便可以实现由理论指导实验,比如实验中选择更好的催化剂或纯化方法等。学生在自主学习的过程中推动创新性的提高。

三、分析化学的教学效果评估与检测

(一)分析化学理论

考核是评估学生学习效果的重要途径之一,目前分析化学理论课程的考核方式大多采用“平时成绩+期末成绩”的方式。其中,平时成绩来源于学生的考勤、作业、课堂积极性等,而期末成绩则来源于期末的卷面考试成绩,这两部分往往占到70%左右,是影响学生总成绩的主要因素。而对于强调应用的应用化学专业学生而言,期末考试的成绩往往不能全面反映他们对知识的掌握和运用情况。因此,可以考虑对考核方式进行改革,适当降低期末考试所占比例,增设应用能力测试环节。教师给出设计性选题,学生运用所学知识自行设计方案,思考可能存在的问题并探索可能的解决途径。

(二)分析化学实验

准确客观地评定学生的实验成绩,不仅能够促进学生加强预习、注重思考和重视规范操作,养成良好的实验素养,而且是培养学生动手能力、思维能力的一种手段,对分析化学实验教学有着明显的促进作用。原有的实验成绩是用平时成绩和期末考核成绩相结合给出的。期末考核成绩是理论考核,书面回答一些与本实验有关的问题作为笔试成绩。这种方法不能全面地反映学生的真实成绩,不利于学生综合能力的培养。为此,教师可以加大平时实验考核和设计性实验考核力度,实验总成绩由两部分组成:平时成绩占实验总成绩的70%,其中实验预习占10%、实验操作占30%、实验报告占20%、实验态度占10%;设计性实验的成绩占实验总成绩的30%。实验方案的设计体现了学生灵活运用专业知识分析问题、解决问题的能力。教师根据方案的合理性、正确性、严密性、可行性、创新性给出成绩。

四、物理化学的教学效果评估与检测

(一)物理化学理论

物理化学综合了基础化学、高等数学、普通物理等课程的基础知识,是研究化学体系行为的宏观规律、微观规律和理论的学科。物理化学课程的特点是理论性强、概念抽象、公式多、计算多,且公式使用条件苛刻,学生在学习过程中易混淆。因此,物理化学课程既是一门抽象、难教又难学的课程,又是一门重要的专业基础课。

物理化学教学评价与考核是教学设计的重要环节,对达成整个教学目标具有重要的作用。"问题解决式"教学的特点是教学形式多样化,既可以是常规课堂授课、讨论探究,又可以是课外独立作业、考试等。教学评价包括知识与技能、过程与方法、情感态度与价值观这几个维度。由于"问题解决式"教学直接关注学生解决问题能力的提高,评价还应包括对学生隐性的高层次思维能力的评价。

1. 构建以过程考核为导向的物理化学评价机制

过程考核主要是指针对学生学习情况等通过过程化考核的方式,设置相关的考核指标,以此不断引导学生加强过程学习,全面提高知识理解和应用能力的一种测评模式。在物理化学课程教学中加强过程考核,设定既包含理论知识又能够体现学生应用意识、实践技能等相关指标,构建完善的科学考核体系,有助于及时排查阶段性教学活动的实施情况以及学生对知识的理解和应用情况,从而查漏补缺,不断完善,全面提升课程教学成效。此外加强过程考核可以改变单纯的期末理论测试的局限性,引导学生树立正确的学习观念,进而激发学生的学习主动性、积极性,全面引导学生结合理论等不断加强实践探索,切实提升应用能力和核心素养。

为了更好地将过程考核模式在物理化学课程教学中进行有效应用,建议从以下方面进行探索构建和实施。

在物理化学教学改革中,过程考核模式的构建需要充分考虑教学目标、教学内容、学生实际等方面,进行针对性设计,还需要结合目前学生的学习表现等情况,明确考查的重点和方向,并根据表现变化等情况动态调整,这样才能体现过程考核的意义或者应用效果。学校要创设良好的氛围,提高学科过程性考核的重视程度,并加强理念等宣传,鼓励师生积极探索,并围绕过程考核指标体系的设计和考核周期、考察形式等集思广益,全面提高考核的系统性和科学性。通常情况下,总结分析物理化学课程教学实施情况,主要表现出来的问题包括:学生的出勤率往往比较低,遵守课堂纪律以及互动问答等方面相对比较薄弱。教师可以围绕这几个方面建立相关的考核指标。主要指标应当包括:学生的出勤情况、课堂纪律遵守情况、课堂互动问答等表现情况,以及课后作业完成情况、单元测试情况等。过程性考核的上述几项指标可以分别设定不同的权重,最后和期末测试(分配一部分权重)进行结合测评,从而提高学生的整体过程参与度,提高学生日常参与课堂学习的主动性,并积极围绕如何提高学习效果等形成自主学习计划等,也有利于提高课堂教学效率。

上述几个指标中课后作业完成情况一项,主要是为了考查学生随堂对知识的理解、消化等情况。物理化学通常会有很多的练习题,教师可以围绕教科书内容引导学生课后进行学习和自我测验,还应适当地在单元测试或者课后作业测试方面增加和实践相关的一些问题,将课后作业通过问题导向法或者案例分析法、项目教学法等方式来进行体现,引导学生联系所学的知识在生活中进行观察、探索等。在单元测试阶段,主要是为了综合考查学生对阶段性单元知识的学习和综合应用情况,既可以通过闭卷的方式来进行考查,又可以适当地增加一些实践项目来进行测试,从而便于检验教学成效。

当然,在最后的期末测试方面,也可以参考过程性考核模式来引入一些实践性的项目进行测试,在理论测试的基础上增加一些社会实践项目或者物理实验等项目,还可以设置一些加分项目,鼓励学生积极参与课程外的学习交流和实践等活动,通过撰写成果或者开展学习研讨等方式对学生的理论实践情况进行考察评价,最终形成综合性的评价结论,并及时进行反馈,从而便于更好地指导学生检验自身的学习情况,为日后的学习和实践等提供指导或参考。除了在过程考核方面加强基础体系的设计以外，教师还应当注重加强自身素养和能力的提升，并围绕新课标要求加强和学生的互动交流，可以借助互联网信息平台等构建科学的全方位的考核评价平台，通过线上、线下有效融合的方式来进行物理化学课程的考核，加强经验分享和总结等，形成更具指导性的成果等，全面提高教学质量。

总之，加强物理化学过程考核模式的探索应用需要教师结合教学目标、教学内容以及不同专业的学生个体差异等进行针对性探索，加强教学评价结果的反馈等，这样才能不断提升教学成效，借助合理的测评工作等引导学生树立正确的学习观和实践观，全面提升学习效果。

2. 多元化考核评价体系

物理化学理论教学效果的好坏，需要一套完整高效的多元化考核体系进行评价。考核结果可以对教学双方进行双向反馈，一方面帮助学生检查知识漏洞，另一方面促进教师改进教学方法。当前的物理化学考核方式中，书面考试占很大比重，这种方式的弊端是学生往往选择通过考前一周的突击复习来应付考试，这就使“习题—应试”成了物理化学学习的主旋律。如何让学生始终保持学习的能动性是制定考核方式时最需要关注的问题。因此，可以尝试建立多元化的考核手段，降低书面考试的比重。一方面可以通过课堂提问以及随堂测试等方式让学生时刻保持注意力集中；另一方面可以通过多次阶段性考试，让学生在整个学期都保持良好的学习积极性和能动性。对于书面考试，不盲目追求题目难度，而更加注重对基础知识的考查及物理化学知识在实际生活中的体现。同时，可以将基础实验技能测试也纳入考核体系中来，考查学生理论与实际应用结合的能力。这套多元考核体系，充分体现了“素质教育”的理念，旨在努力提高学生综合素质，其实质是将考核评价贯穿于学习的整个过程，而学生要想适应这种考核体系，就需要不断地努力学习，培养自己的创新思维和动手能力。

学习成果的评价要实现多元化、可衡量，要求教师指导学生的教学和评价活动要多元化。学习成果的评价可以包含四个部分：课堂测试、课后作业、资料查阅、实验和期末考试。每部分都有相应的教学目标和评价标准。教学过程应该以学生为主体,教师讲授知识点和公式推导及厘清每节课的知识结构后,学生完成相应例题进行讲解、讨论,巩固学到的知识点;课后作业以教材后习题为主,不仅要求能够进行正确计算,巩固所学知识,而且要求过程框图及分析是有工程应用背景,实现理论指导实践。教师评价学生对知识的掌握需要大量的时间,可选择每人一次评价学生查阅文献和对相关知识的提炼、总结能力。期末考试对本课程学习过的知识点进行考核,并在题干中明确实际工程应用背景。学生的学习能够得到有效评价,"学习通"或者"雨课堂"等智慧教学工具的辅助也是必需的。

(二)物理化学实验

考核评价是实验课不可或缺的重要环节,物理化学实验的重点在能力的培养,不能仅仅看重实验结果和精密度,因此,如何公正、客观地评价学生的实验成绩关系着实验教学过程的良性循环发展。

物理化学实验可以采用平时成绩和期末考试相结合的评定方法。由于实验教学的特殊性,以平时成绩为主,约占总成绩的70%。每个实验和期末考试都有统一和详细的评分标准。每个实验成绩的判定由小测10%、准备5%、公共意识与安全10%、操作35%、实验结果与报告30%、讨论10%等6个部分构成,尤其突出学生的动手能力和报告书写及讨论。

五、高分子化学的教学效果评估与检测

(一)基于互动式教学的评价体系

在高校教学中,高分子化学的课程考核形式一般是平时成绩占40%,期末考试成绩占60%。实际教学中,教师可以通过互动式教学方法,建立完整的教学评价体系,来提升高分子化学理论的教学效果。

在高分子化学教学中,教学评价机制应发挥考核工作的导向功能。教师可以通过多元化评价方式,来检验学生的学习成果,重视过程评价,提高学生的自主学习意识与能力。教师可以将平时考查与期末考试相结合,适当调整平时考核的比例,设置完善的考核指标和内容,对学生的

能力进行全面的评估。在考核的内容中减少基础知识题目的比例,可设置与实际生产有关的题目,对学生的综合能力进行检验,将科研性与实践性相结合,鼓励学生在日常学习中具备完善的科研思想,重视知识的积累。而基于互动式教学的评价体系,可以实现教学评价的多元化,动态跟踪教学效果。

在互动式教学中,学生的学习兴趣明显增强,大多数学生能够积极主动地投入课堂讨论和自主学习中去,和教师的沟通的频率明显增加,学习的热情被进一步激发,大部分的学生从“要我学”转变为“我要学”。从课程成绩看,推行互动式教学模式后,学生的课程通过率和平均成绩明显升高。在平时的师生互动中,不再局限于书本和课堂,在课后的资料查阅、交流讨论等过程中也能加深学生对所学知识的理解。在交流中能够形成互相督促、互相配合的良好氛围,加深了师生间和同学间情感。在互动讨论中,进行自我观点的阐述,不仅增强了学生的解决科学问题的能力,还能够提高个人的表达能力和综合素质。互动式教学体系拉近了师生间的距离,激发了学生自主学习、主动学习的兴趣,使教学效果显著提高。教师在教学过程中,要不断提高自身素质,在教学内容、教学方法上要不断进行研究创新,以适应学生的实际情况和发展要求,从而取得更好的教学效果,进一步提升教学质量。

在互动式教学中,学生平时的学习表现至关重要。在平时成绩中,考核模式要更加丰富,如加大课堂讨论、案例分析和问题导向等环节所占的比重,从而灵活地考查学生对所学知识的掌握情况、灵活运用能力、自主学习能力和创新意识等,建立多样化的考核体系。同时,教师可以从学习意愿、课程成绩和学生意见等方面对互动式教学模式进行评价。

(二)基于教学效果的评价体系

高分子化学课程的评价体系可以由传统的“期末考试+平时成绩”的考核方式,逐步改为“期末考试+作业+分组讨论+复杂工程问题报告”的方式,同时期末考试题目由标准化试题改为非标准化试题占一定配比。传统的考核模式在一定程度上只是考查了学生死记硬背的功力,很多学生只要考前突击一下,就能考过,但对于知识的掌握和理解程度与教学大纲的要求还存在很大的差距,这体现在后续专业课程的学习中对已学知识点无印象,不能前后联系。相对而言,改进后的考核模式通过多样化的考核形式,重点考核学生分析问题、解决问题以及综合应用知识的能力,能够达到毕业能力要求。通过与学生的沟通和交流,学生对这种考核模式认可度高,普遍认为这种考核方式更能激发他们的学习积极性,提高自学能力,特别是对于理论知识的理解和应用更加深刻。

第二节 实践应用课目的教学效果评估与检测

一、化学反应工程的教学效果评估与检测

考试作为一种测量教学方法、教学效果的手段是必不可少的,有利于稳定正常的教学秩序和提高教学质量。化学反应工程的考核方式基本采用笔试,考试的内容主要是基本概念原理和基本计算。这种考核方式对学生掌握基本理论、基本概念和公式有促进作用,但也存在一些不足之处,学生往往机械地记忆课程的概念、原理、公式,容易出现高分低能现象,忽视了学生独立思维和创造能力。因此,我们可以将化学反应工程的考核方式及成绩评定进行适当调整。

一方面,在讲授化学反应工程时,教师应充分认识到化学反应工程作为化工类的经典课程,让学生掌握并运用它并非易事,应不断地进行教学方法的探索与改进。教师还应该努力使教学跟上现代教育的步伐,使学生的化学反应工程的基础更扎实综合分析能力更强,以达到教学水平和教学质量提高的目的。

另一方面,在化学反应工程的考核方式上,教师可以将一张考卷定终身改为为多维考核方式,采用不同权重系数,根据平时出勤作业独立完成情况、课堂讨论、笔试等方面综合评定成绩。该种考核方式既能考核学生对知识的掌握情况,又能反映学生学习态度与能力,考核比较全面,还能督促和激发学生学习的积极性和主动性。

此外，教师还可尝试一些其他的考核方法，如：采用半开卷的方法，允许学生在考试中自带规定大小的知识总结，考题遵循基础灵活和综合等特点，这种考核形式避免学生考前死记硬背公式而不会应用的弊端。还可以采用口试的方法，教师通过平时的积累和总结，归纳出一定数量的口试试题，学生通过抽签获得试题进行当场作答。这种考核形式既锻炼了学生的口头表达能力及应辩能力，又有利于教师了解学生对知识掌握的真实情况。

二、化工工艺的教学效果评估与检测

在化工工艺的教学中，对于学生学习过程的跟踪和评估，教师可以通过课程考试给出期末考试成绩，通过课堂测验、课程报告（小论文）平时作业实际完成情况等给出平时成绩，综合评判学生的学习状况和对专业知识的掌握情况。平时成绩包括出勤情况、课堂讨论、课堂纪律、作业情况等方式。其中，课堂讨论观察学生对知识的理解与认识，课堂纪律考查学生的学习态度与学习投入，作业情况评估学生掌握与运用课程知识的能力，考试考查则综合评价学生对课程知识的熟悉和掌握程度。教师可以通过平时成绩20%和期末考试80%的权重对学生学习过程表现及课程目标达成情况进行跟踪与评估，判断学生学业情况，同时参考学生自评结果（调查问卷）。具体内容如表8-3所示。

表8-3　化工工艺的教学效果跟踪评价表

跟踪评估项	跟踪评价依据	跟踪评价途径	持续改进措施
课堂表现	课堂参与与投入程度	课堂提问、课堂观察	丰富教学内容，提高学生兴趣；采用翻转式课堂，让学生“做主”自我发挥；要求学生预习，更快进入课堂状态
平时作业 （单元小测试）	作业 （单元小测试）	作业批阅 （测试题批阅）	根据作业完成情况，列举出普遍问题，进行大班答疑辅导；同时根据不同学生个体情况，采用多种方式（QQ，现场指导等）进行个别辅导

续表

跟踪评估项	跟踪评价依据	跟踪评价途径	持续改进措施
期末考试	期末试卷	试卷批阅	尽量减少记忆性知识的客观题,着重考核学生的综合运用专业知识解决化工过程复杂工程问题的能力
学生调查	调查问卷	学生对于课程目标达成自评	增加最新化工工艺示例讲解;增加学生自我展示与思考环节

三、化工传递过程的教学效果评估与检测

化工传递过程的教学,主要是为了让学生在课程设计和毕业设计中,能够运用化工传递过程及其强化理论进行技术、工艺和设备的改进和创新,同时能独立分析和解决实际工程问题,产出相关成果,让以学生为中心、以学生毕业要求达成为导向的化工传递过程课程教学目标得以实现。

(一)基于"评价—反馈—改进"的教学评价体系

在化工传递过程的教学中,教师可以建立"评价—反馈—改进"的闭环课程体系,持续改进评价机制。化工传递过程教学可以采用定量和定性评价的综合评价方式,其中,定量评价依据为课程目标的达成度,考核内容包括随堂测试、课后作业和期末考试。各考核环节与课程目标和毕业要求之间的关联,如表8-4所示。

表8-4 考核环节与课程目标和毕业要求之间的关联表

课程目标	支撑的毕业要求	考核环节	考核结果	评价结果
课程目标1	毕业要求2-2	课堂情况(随堂测试) 课后作业(课程作业、课后专题研讨) 课后作业(课程作业、课后专题研讨) 期末考试	成绩	课程目标达成度

续表

课程目标	支撑的毕业要求	考核环节	考核结果	评价结果
课程目标2	毕业要求2-3	课堂情况(随堂测试) 课后作业(课程作业、课后专题研讨) 期末考试	成绩	课程目标达成度

各考核环节在课程目标达成评价中的权重分配如表所示。分课程目标达成度A_i就是第i个分课程目标的评价基于各环节k的贡献的加权求和,即

$$A_i = \sum G_{ik} \times W_{ik}$$

课程目标达成度A为多个分课程目标达成度的加权求和,即

$$A=\sum A_i \times P_i$$

其中,k表示不同考核环节;i表示分课程目标;P_i表示第i个课程目标的权重;S_{ik}表示第k个考核环节通过第i个课程目标反映在总的课程目标评分中的占比;W_{ik}表示第k个考核环节对第i个课程目标占比;G_{ik}表示第k个考核环节支撑第i个课程目标的达成度。

表8-5　各考核方式在课程目标达成评价中的权重分配表

课程目标	分课程目标权重(本列总和为1) $\sum P_i = 1$	各考核环节评价比例分配(每行总和为1) $\sum W_{ik}=1$			各考核环节在课程目标达成评价中的占比(所有行列总和为1) $\sum\sum S_{ik} = P_i \times W_{ik}$		
		随堂测试	作业	期末考试	随堂测试	作业	期末考试
1	0.50	0.30	0.30	0.40	0.15	0.15	0.20
2	0.50	0.30	0.30	0.40	0.15	0.15	0.20
各考核环节对课程目标达成的贡献率					0.30	0.30	0.40

定性评价是基于学生调查问卷的课程目标达成情况评价。教师可以根据课程目标、每次授课情况和学情设计问卷,调查学生运用化工传递及其过程强化知识解决实际问题的能力及课程目标达成情况。其中,成绩均采用百分制统计,五级计分制转换为百分制时,"优"对应95分,"良"对应85

分,“中”对应75分,“及格”对应65分,“不及格”对应55分。将每个课程目标的反馈比例加权求和可计算得到每个课程目标的达成度D_i,再按课程目标权重P_i,进行加权求和,即得到总的达成度。综合定量与定性评价结果,取最小值为最终评价结果。若大于0.6,则认为课程目标达成。可以采用包含学生评教、教师自评和互评、学院和学校评教在内的内部和外部反馈相结合的方式,跟踪教学质量,了解学生能力达成情况。根据各级反馈情况,教师应进行授课总结和反思,针对存在的问题提出改进措施,以指导下次授课过程。“评价—反馈—改进”反复循环的持续改进评价机制,将有效提高课程教学效果和质量,有效保障学生毕业要求的达成。①

(二)基于开卷考试的考核评价方式

考试是教学效果的客观反映,采用开卷考试还是闭卷考试是值得商讨的。传递过程重点是根据具体过程先建立其物理模型,然后根据基本方程建立数学模型,求解方程。其中,教学的重点是基本理论和分析方法。若采用闭卷考试,大量的微积分易使学生陷入烦琐的高数计算中,进入死记硬背的应试误区,达不到传递过程课程的培养目的。开卷考试恰恰可以弥补这一不足,它强调学生的课外阅读和实际应用能力,要求学生学会归纳知识要点并加以消化,这样才能更好地提高学生解决工程问题的能力。因此,对传递过程课程进行开卷考试是合理的选择。同时,在开卷考试中教师要注意考试题型的灵活性、综合性、实用性;开卷考试学生不必死记公式和概念,而应注重于理解和消化教材内容,以提高灵活运用知识的能力、运用基本知识解决问题的能力;旨在培养学生主动学习和运用知识的能力,全面反映学生学习情况,增强学生学习自觉性同时,也促进课程教学内容和教学方法的改革。

①高璟,焦纬洲,刘有智.面向工程教育专业认证的化工传递过程课程教学改革与实践[J].化工高等教育,2021(5):63-65.

第三节 专业延展课目的教学效果评估与检测

一、化工技术经济的教学效果评估与检测

化工技术经济作为应用性极强的课程,需要采取灵活多样的方式来检验教学效果。课程的考核应由以往的单一考试模式,逐步转变为多元化的考核方式,重视对学生综合能力的评估和培养。例如,可以采取课堂作业、课堂讨论、撰写小论文、分组前沿汇报等多样化的考核方式,做到考核公正和全面。通过多元化的考核方式,教师能够及时了解学生的学习效果,以此设计并运用更适合学生的教学模式。

为了保证化工技术经济分析在线课程的教学质量,教师应该建立课程评价的反馈机制。

(一)课程评价

课程评价是指学生对课程的反馈,体现了学生对课程的满意程度。通过课程提供的评价工具,如问卷调查等方式进行反馈,对课程的教学理念、教学目标、教学方法等方面的反馈信息进行总结和反思,通过统计数据和总结学生们的宝贵意见,在肯定优点的同时找出不足指出,以便做出及时修改调整,更好改进后续课程。

(二)教学评价

教学评价是指课程对学生学习情况的反馈,体现了学生的学习效果。通过随堂测试、作业、讨论等方式,让教师及时了解学生的学习情况,是否掌握了相应的知识点,并根据评价结果,向学生指出具体的努力方向。这样,将有助于教师了解教学进展情况、发现教学问题、进行教学调整和采取补救措施。

通过课程评价和教学评价形成评价反馈体系,即形成伴随式教学模式,建立互补互调机制,化工技术经济在线课程形成了循环反馈、持续改进的教学模式。

二、化工环保与安全的教学效果评估与检测

以往对于化工安全与环保的课程考核,采用的是平时成绩与考试成绩相结合的方式,但对于平时成绩没有进行特别细化说明,造成了随意性比较大,为了保证评价公平合理,提高学生的学习效率,可以从如下几方面进行综合考核评价。

(一)作业

以作业为依据,视思路是否清晰和完整、方法是否适宜、结果是否正确,以及提交作业是否及时、有无抄袭。如果两次作业不能按时上交,则最多给3分。作业每章收发讲评1次,共占5分。此项所占比例为5%。

(二)小论文

可以选择某特定章节,也可以通盘考虑整个课程,谈一下对这门课程的理解和认识。根据学生对本课程的理解深度及课程学习效果,给出成绩,占5分。此项所占比例为5%。

(三)期末考试

开卷考试,考试时间120分钟,分为基础题(40分)、案例分析题(40分)和拓展题(20分)。基础题包括填空、判断和选择题,拓展题为论述题。按照分步骤给分的评分标准执行。考试时间和地点查看考试周课程的具体安排。此项所占比例为80%。

(四)课堂表现

上课是否积极、是否认真参与讨论与展示。课堂讨论展示共2次,共10分。但如果上课迟到和缺勤超过5次(含),则此项成绩为零。此项所占比例为10%。

综上,可以总结出:

化工安全与环保考核总成绩

=作业成绩+小论文成绩+期末考试×0.8+课堂表现

以上即为化工安全与环保课程的考核检测评价体系。

参考文献

[1]董殿权.化学反应工程实验教学改革初探[J].广东化工,2016(24):151,157.

[2]方国庆.一体化教学在化工工艺教学中的实践探索[J].云南化工,2019(7):196-197.

[3]高璟,焦纬洲,刘有智.面向工程教育专业认证的化工传递过程课程教学改革与实践[J].化工高等教育,2021(5):63-65.

[4]葛秀涛.物理化学[M].合肥:中国科学技术大学出版社,2019.

[5]李庆东,林莉,李琦.化工技术经济学[M].东营:中国石油大学出版社,2018.

[6]李晓雯,朱倩倩,吕洲.《化工技术经济》教学实践与改革探讨[J].广州化工,2020(7):157-159.

[7]林玉萍,万屏南.有机化学实验[M].武汉:华中科技大学出版社,2020.

[8]刘文举,刘文升,朱春山,等.《化工安全与环保》教学研究[J].广州化工,2021(14):177-178.

[9]任丽丽,张雪勤.化工类专业课化学工艺学教学模式探索[J].东南大学学报(哲学社会科学版),2020(A2):147-148.

[10]苏力宏.化学反应工程[M].西安:西北工业大学出版社,2015.

[11]涂军令,张刚,何运兵.新工科建设背景下化工安全与环保课程案例教学实践[J].广州化工,2020(10):185-186.

[12]王凤军.高等职业教育中《分析化学》教学目标设定的探讨[J].吉林教育学院学报,2010(2):149-150.

[13]王岳俊,王秋卓,王彩虹.化工环保与安全课程教学内容及教学

方法探析[J].教育教学论坛,2020(41):271–272.

[14]王存,吴开碧,黄天奎."翻转+分段式"有机化学实验教学设计及实践研究[J].化学教育,2020(12):33–34.

[15]熊煦,汪斌,王国军.化学反应工程课程教学改革与实践探索——基于"基础知识有深度、工程应用有价值"的教学目标[J].江苏理工学院学报,2017(4):115–116.

[16]杨怡萌."互联网+"背景下无机化学理论及实验教学改革研究[J].广东化工,2019(23):125,131.

[17]叶旭,李娴,张亚萍,等.物理化学教学方法和考核体系的改革与实践[J].广州化工,2018(17):122–125.

[18]于媛.浅析无机化学教学特点及教学方法的改革[J].现代经济信息,2017(12):450–451.

[19]邹晓川,王存,石开云,等.基于FC模式的有机化学实验教学设计及应用研究[J].西南师范大学学报(自然科学版),2015(9):236–237.

[20]朱仙弟.有机化学[M].杭州:浙江大学出版社,2019.